Sophie Strodtbeck

SEXUALVERHALTEN HORMONE KASTRATION

BEI HUNDEN

Müller Rüschlikon

Impressum

Einbandgestaltung: R2 I Ravenstein, Verden
Titelbild und Foto auf der Umschlagrückseite: Sophie Strodtbeck
Autorenfoto auf der Umschlagrückseite: Ulla Bergob

Die Bilder in diesem Buch stammen von Sophie Strodtbeck, wenn nicht anders am Bild vermerkt.

ISBN 978-3-275-02275-5

Postfach 103743, 70032 Stuttgart
Ein Unternehmen der Paul Pietsch Verlage GmbH & Co. KG

5. Auflage 2026

Sie finden uns im Internet unter www.mueller-rueschlikon-verlag.de

Lektorat: Claudia König
Innengestaltung: Monna Wilke, tebitron gmbh, Gerlingen
Druck und Bindung: Graspo CZ, 76302 Zlin
Printed in Czech Republic

INHALT

VORWORT

Seit dem Beginn des neuen Jahrtausends verdichten sich die wissenschaftlichen Hinweise darauf, dass das sehr lange als tiermedizinisch richtig und sinnvoll angesehene pauschale Kastrieren von Hündinnen und Rüden mit bestimmten und teilweise durchaus schwerwiegenden Risiken und Nachteilen verbunden ist, die bis dahin nicht bekannt waren. Mit zunehmender Verbreitung dieser Erkenntnisse in sowohl der Fachwelt als auch der Öffentlichkeit kam es zu einer Art „Swing-back“ weg von der fast schon automatischen und häufig extrem früh durchgeführten Kastration beider Geschlechter und hin zur vermehrten Haltung intakter, also nicht kastrierter Hündinnen und Rüden.

Aus meiner (beileibe nicht neutralen) Sicht befürworte ich diese Entwicklung. Sie geht allerdings auch mit der Tatsache einher, dass die Haltung nicht kastrierter Hunde eine Auseinandersetzung mit der Sexualität dieser Spezies zwingend erforderlich macht, und da klafft halt bei vielen Menschen, seien sie nun „nur“ als Hundehalter:innen oder aber auch als „Professionelle“ wie Tierärzt:innen, Trainer:innen und Züchter:innen unterwegs, ein bemerkenswert großes und tiefschwarzes Loch.

Nach wie vor kreisen Latrinenparolen („Die muss mal Junge kriegen!“, „Der leidet so furchtbar und ist so gestresst, wenn irgendwo eine Hündin läufig ist!“) in der Öffentlichkeit und im Netz, nach wie vor werden von Leuten, die es eigentlich wirklich besser wissen sollten, verheerend falsche Ratschläge erteilt, so wie von dem Hundetrainer neulich, der für einen gerade acht Monate alten Rüden mit beginnender Sturm- und Drangphase unbedingt die sofortige Kastration gefordert hatte.

Dieses große, schwarze Loch muss dringend gefüllt werden! Dazu braucht es massenhaft Informationen. Diese kann man so oder so aufbereiten: richtig schön trocken und langweilig, dass sie außer uns an diesbezügliches Leid gewöhnten Tiermediziner:innen kein Mensch liest oder aber spritzig, unterhaltsam und mit zahlreichen Aha-Effekten gewürzt, und genau das ist der von so vielen geliebte Stil von Sophie. Ich bin heilfroh, dass gerade sie sich dieser Aufgabe angenommen hat und wünsche allerseits viel Spaß beim Lesen dieses für alle Hundeinteressierten (auch für mich) unverzichtbaren Buches.

Ihr Ralph Rückert

EIN PAAR WORTE ZU BEGINN

Liebe Leser:innen,

beginnen wir doch gleich damit: Aus Gründen der besseren Les-, aber auch Schreibbarkeit verzichte ich im Weiteren auf die gleichzeitige Verwendung der Sprachformen männlich, weiblich und divers (m/w/d). Sämtliche Personenbezeichnungen gelten selbstverständlich gleichermaßen für alle Geschlechter, es sei denn, es handelt sich um Hunde. Bei Letzteren würde das speziell bei diesem Thema vermutlich nur für zusätzliche Verwirrung sorgen.

Gut zwölf Jahre und einige Hunde sind ins Land gezogen, seitdem ich das letzte Buch zu diesem Thema geschrieben habe. Zwölf Jahre, in denen die Wissenschaft fleißig war und viele neue Erkenntnisse geliefert hat, aber auch zwölf Jahre, in denen sich glücklicherweise die Einstellung zur Kastration von Hunden bei vielen Hundehaltern, Hundetrainern und Tierärzten geändert hat. Es wird nicht mehr ganz so selbstverständlich zum Skalpell gegriffen, sondern mehr hinterfragt, was ich auch an der Flut von Seminar- und Beratungsanfragen zum Thema Kastration feststelle, und was mich sehr freut!

Nach wie vor bin ich – entgegen aller Unkenrufe – keine pauschale Kastrationsgegnerin, aber gegen pauschale Kastrationen. Das ist ein kleiner, aber wichtiger Unterschied! Ohne Statistiken geführt zu haben, schätze ich, dass ich bei circa einem Drittel der Anfragen zur Beratung vor der Kastration nach gründlicher Anamnese und Abwägung aus medizinischen oder auch Verhaltensgründen zum Eingriff geraten habe. Aber genau das ist der Punkt: Es gab eine Beratung und Abwägung, während andernorts nach wie vor, oft aus der Hoffnung auf eine schnelle Problemlösung heraus, sehr rasant und unüberlegt zum Skalpell gegriffen wird.

Eine Frage, die ich entsprechend oft gestellt bekomme: Gibt es denn nicht ein Testosteron-/Östrogenimplantat, mit dem man die Kastration beziehungsweise ihre Auswirkungen abmildern kann? Nein, gibt es nicht, und darum ist es so wichtig, sich im Vorfeld gut zu informieren – denn was weg ist, ist in diesem Fall weg und kommt auch nicht wieder. Das bezieht sich nicht nur auf die Gonaden (Hoden/Ovarien) des Tieres oder seine Sexualhormone, sondern auch auf die von ihnen gesteuerten Auswirkungen auf die Gesundheit und das Verhalten.

In den letzten Jahren bin ich mit „meinem Thema“ auch bei den Tierärzten angekommen und habe viele Weiterbildungen für Kollegen gehalten, zum Teil gemeinsam mit renommierten Professoren der Reproduktionsmedizin, was mir eine Ehre ist. Auf den Veranstaltungen durfte ich mit Freude feststellen, nicht allein mit meiner kritischen und hinterfragenden Haltung zur Kastration zu sein, denn unsere Aussagen und die daraus resultierenden Rückschlüsse stimmten zum Großteil überein.

Warum sollte man einem gesunden Tier ohne Probleme einfach Organe und die von ihnen produzierten, fast überall im Körper und Gehirn wirksamen Hormone entnehmen? Die Sexualhormone sind nun mal keine überflüssige App der Natur, sondern haben wichtige Funktionen für das Verhalten und den Stoffwechsel, sodass sich selbstverständlich nach ihrem Wegfall einiges ändert. Sonst würde eine Kastration aus berechtigtem Grund ja auch gar keinen Sinn machen.

Die Entwicklung freut mich, muss ich sagen, aber sie bereitet mir auch Kopfschmerzen. Warum? Weil das im Chaos enden wird, wenn wir (und damit meine ich „wir Tierärzte", aber auch Hundetrainer, Züchter und andere, die sich beruflich mit Hunden befassen) uns nicht zunehmend um die Aufklärung der Halter bemühen!

Noch immer wird von mir als Halterin zum Beispiel erwartet, nachts um drei mit meinen läufigen Hündinnen in den Wald zu fahren, um nur niemanden zu belästigen – und das selbstverständlich auch, wenn meine Hündinnen bei mir sind, der Rüde aber eine halbe Stunde vor seinem Halter bei uns auftaucht. Natürlich bin ich mit meinen läufigen Hündinnen nicht auf der „Hundemeile", sondern in der Pampa unterwegs, und zum Glück treffen wir hier auch nur alle paar Jubeljahre einen anderen Hund – nämlich stets dann, wenn eines der Mädels läufig ist und in diesem Fall natürlich ohne Halter.

Aber darauf, dass mir die Schuld für unerzogene Rüden in die Schuhe geschoben wird, reagiere ich inzwischen weitgehend allergisch. Wenn ich einen Beagle vom Hasen abrufen kann, sollte man auch einen Rüden von einer läufigen Hündin abrufen können! Wenn man es nicht kann, ist das eine Baustelle, an der man arbeiten kann und sollte. Und dann gibt es auch noch sowas wie Leinen. Für Baustellen habe ich übrigens als langjährige Beaglehalterin größtes Verständnis, aber den schwarzen Peter dafür sollte man eben nicht anderen zuschieben.

Ähnlich mau schaut es vielerorts mit dem Wissen um das Zyklusgeschehen und die „gefährlichen" Tage aus. Der Satz „Jetzt blutet sie nicht mehr, jetzt kann ja nichts mehr passieren" wird mir immer noch regelmäßig entgegengeschleudert. Was?! Gerade jetzt sollte man aufpassen, wenn man keinen „Ups-Wurf" riskieren möchte. Aber auch sonst ist oft erschreckend wenig Wissen über die Biologie von Hunden und deren Zyklusgeschehen vorhanden und so wird oft jegliches durch die Sexualhormone ausgelöstes Verhalten als Problem oder gar Störung gesehen und damit als Grund für eine Kastration.
Ich hoffe sehr, dass dieses Buch dazu beiträgt, die eine oder andere Lücke zu schließen.

Hormone „machen" Verhalten genauso wie Verhalten Hormone „macht". Eine Hündin, die in der Scheinträchtigkeit häusliches Verhalten zeigt, verhält sich

biologisch gesehen äußerst sinnvoll – sie möchte den vermeintlichen Nachwuchs in ihrem Bauch schützen und keine Fehlgeburt riskieren. Auch die oft problematisierte Milchproduktion gehört nun mal zum Zyklusgeschehen und ist, solange keine Entzündungsanzeichen vorhanden sind (Schwellung, Rötung, Wärme) erst mal als normal anzusehen. Unbestritten davon kann eine ausgeprägte Scheinträchtigkeit/-mutterschaft aber natürlich auch ein Grund für eine Kastration sein.
So gilt es auch bei anderen „Erscheinungen“ intakter Hunde erst mal zu hinterfragen, inwieweit das denn tatsächlich vom hündischen Normalverhalten abweicht. Oder andersrum ausgedrückt: Vieles, was wir an intakten Hunden beobachten können, entspricht durchaus normalem Verhalten – wenn wir aufhören, kastrierte Hunde als Referenz für Normalverhalten sehen. Denn am Anfang war der intakte Hund – ach nein, das war ja ein anderes Buch ...

Auch beim Rüden begegnen einem sehr viele Glaubenssätze, die oft nicht weiter hinterfragt werden. So ist beispielsweise nicht jeder aufreitende Rüde hypersexuell und muss dringend kastriert werden. Vieles, was von Hunden an Aufreiten gezeigt wird, hat erst mal gar nichts mit dem Sexualverhalten zu tun, und wenn doch, sind wir beim ganz normalen Sexualverhalten, das nun mal zum Hund gehört und nicht sofort automatisch bei einer pathologischen Hypersexualität. Aber natürlich gibt es tatsächlich Hunde mit einer echten Störung im Sexualverhalten, bei denen eine Kastration unter Umständen zu einem ruhigeren und entspannteren Leben führen kann.

Ein weiterer Glaubenssatz, mit dem ich oft konfrontiert werde, ist der „unzumutbare Stress“, den intakte Hunde angeblich haben – vor allem, wenn sie „genötigt“ werden, in einer gemischten, intakten Mehrhundehaltung zu leben. Dieses Argument höre ich aber tatsächlich ausschließlich von den Haltern kastrierter Hunde oder aber intakter Hunde, die den Umgang mit dem anderen Geschlecht nie lernen durften. Andersherum wird mir von vielen Haltern berichtet, dass die gemischt-intakte Mehrhundehaltung nicht nur hier, sondern auch anderswo weitgehend problemlos funktioniert. „Weitgehend“, weil es natürlich auch hier einzelne (Steh-)Tage gab, an denen ich am liebsten das Kastrationsbuch eingestampft und alle sofort auf dem Küchentisch kastriert hätte. Aber wer denkt schon an meinen Stress?!

Es sind aber tatsächlich nur einzelne Tage und ich weiß, dass (fast alle) meine Hunde insgesamt und über das Jahr hinweg gesehen mehr Nutzen als Schaden durch ihre Hormone haben. Außerhalb der Stehtage muss ich nicht mal aufpassen, weil Meier, der intakte Beaglerüde, ganz genau wusste, wann es sich im Sinne der Reproduktion wirklich lohnt und wann es schlichte Energieverschwendung ist, und das trotz seines inoffiziellen Zweitnamens „Johann Wolfgang von Klöten“. Auch der kleine, intakte Nachfolger Rowohlt wird das lernen beziehungsweise ist gerade dabei. Ein Lerninhalt, den mein kleiner Kastrat Piccolo auch in 18 Jahren nicht gelernt hat – er fand alle Hündinnen bereits vor, aber auch nach den Stehtagen unwiderstehlich. Hier gilt es also, das Einzelfell zu beurteilen und vor allem Hunden erst mal die Möglichkeit zu geben, die Pubertät zu durchleben und den Umgang mit dem anderen Geschlecht zu lernen, denn dass das keine Gabe ist, mit der man auf die Welt kommt, zeigen auch unsere eigenen pubertierenden Artgenossen. Es ist schließlich noch kein Mei(st)er vom Himmel gefallen ...

Es gibt den oftmals passenden Spruch, dass es nicht die Dinge sind, die uns beunruhigen, sondern unsere Meinung über die Dinge. In diesem Sinne möchte ich meine Leser einladen, einen ganz unvoreingenommenen Blick auf die Sexualhormone unserer Hunde und ihren Nutzen zu werfen. Es lohnt sich, versprochen! Mir würde übrigens inzwischen etwas fehlen, wenn ich nicht in den ersten Läufigkeiten/Lebensjahren die Entwicklung unter dem Einfluss der durch die Pubertät anflutenden Sexualhormone so wunderbar beobachten könnte, genauso wie ich es vermissen würde, im Zyklusgeschehen so schön und unmittelbar miterleben zu können, was die Hormone mit dem Verhalten machen.

Ich lade also alle ein, sich mit mir auf die Reise durch die wunderbare Welt der Hormone und ihrer Auswirkungen zu machen und sich gut zu informieren, bevor man einen irreversiblen Schritt/Schnitt macht. Es gibt zwischen all dem Schwarz und Weiß ganz viele Grautöne, die wir in diesem Buch näher beleuchten werden. Denn die beste Entscheidung für den Hund ist immer eine individuelle!

In diesem Sinne wünsche ich allen viel Spaß beim Lesen und sich informieren. Und dabei, mich in der nächsten Läufigkeit in der gemischt-intakten Mehrhundehaltung auf den Mond oder sonst wohin zu wünschen. Denn damit kann ich gut leben, wenn man Hunden dafür die Möglichkeit gibt, sich normal zu entwickeln und erst mal gut durch die Pubertät zu kommen.

Viel Spaß beim Lesen wünscht

Sophie Strodtbeck

DIE
PUBERTÄT

Die Pubertät ist das Alter, in dem der Halter plötzlich anstrengend wird – so hätte es wohl der Beagle ausgedrückt. Ich weiß, was er meint, und genauso wird es auch zahlreichen anderen Haltern entsprechender Pubertiere gehen. Es wird aber auch welche geben, die jetzt die Stirn runzeln und sich fragen, wovon ich rede, da es glücklicherweise auch Hunde gibt, an denen die anstrengenden Auswirkungen der Pubertät mehr oder weniger spurlos vorbeigehen. Vielleicht gäbe es sonst schon lange keine Hunde mehr ...

Aber bei sehr vielen Hunden ändert sich – gefühlt über Nacht – fast alles: Der süße und lernbereite Welpe, der gerade noch hinter uns her tapste, ist über Nacht zum renitenten und komplett beratungsresistenten Jungspund geworden, der sich mit viel Glück vielleicht noch an seinen Namen, sonst aber an kaum mehr etwas erinnern kann, schon gar nicht an „Sitz“, „Nein“, „Bleib“ oder ähnlichen Kram. Sein Radius ist plötzlich deutlich größer, sein Interesse an uns dafür umso kleiner – zumindest, wenn Spannenderes geboten ist. Das Problem ist, dass in den Augen eines Pubertiers fast alles spannender ist: männliche Konkurrenten, weibliche Düfte, Hasen, Fährten, fremde Menschen etc. Seine Empathie geht vorübergehend gegen Null, dafür wächst seine Risiko- und Konfliktbereitschaft – gepaart oft mit plötzlich auftretenden, sonderbaren Ängsten und Fürchten vor Dingen wie etwa Mülltonnen oder abgestellten Fahrrädern, die ihn gestern noch komplett kalt gelassen haben.

Willkommen in der Pubertät!

Pubertät/Adoleszenz

Zunächst etwas zu den Begrifflichkeiten: Wenn von „der Pubertät“ die Rede ist, ist in der Regel der Zeitraum der Rebellion und des Infragestellens alles bisher Dagewesenen gemeint. Allerdings ist die Pubertät nur ein Teil, nämlich die erste Phase der Adoleszenz, dem Zeitabschnitt des Erwachsenwerdens.

Der Pubertätsbegriff wird vor allem in der Biologie verwendet und bezeichnet körperliche Veränderungs- und Reifeprozesse mit dem Ziel der Fortpflanzungsfähigkeit, also bei der Hündin das erste Zyklusgeschehen, beim Rüden eben das entsprechende Alter, einhergehend mit deutlich gesteigertem Interesse am anderen Geschlecht.

Die Adoleszenz, die „Phase des Erwachsenwerdens“, die in der Regel gemeint ist, wenn von der Pubertät die Rede ist, dauert deutlich länger und ist erst abgeschlossen, wenn das Individuum körperlich ausgewachsen und emotional wie sozial weitgehend ausgereift ist.

Entsprechend gibt es auch beim Hund die reine Geschlechtsreife, die eine Fortpflanzung ermöglicht, und die Zuchtreife, die deutlich später erreicht wird und bedeutet, dass das Tier auch aufgrund seiner emotionalen und sozialen Fähigkeiten in der Lage ist, einen Wurf kompetent großzuziehen, denn das ist eine Hündin, die in der ersten Läufigkeit gedeckt wird sicherlich noch nicht.

Zwischen Welpe und erwachsenem Hund liegt die Pubertät.

Wann geht's los?

Einfluss auf den Beginn der Pubertät nehmen unterschiedliche Faktoren. Neben der Genetik haben auch epigenetische Schalter ihre Finger im Spiel. Die Epigenetik beschreibt eine konkrete Anpassung an die aktuellen Lebensumstände und bestimmt, welche Gene wann abgelesen werden – oder auch nicht. Vermittelt wird das über verschiedene Mechanismen, wie etwa das Anhängen von Methylgruppen, die dann quasi die Buchseiten, auf denen die Informationen der DNA stehen, so verkleben, dass sie sich nicht mehr aufblättern und ablesen lassen. Man könnte auch sagen, dass die Genetik, also die reine DNA, ein Notenblatt ist, auf dem ein Musikstück geschrieben steht, die Epigenetik aber das Orchester ist, das das Lied interpretiert.

So ermittelten Forscher bei weiblichen Ratten, welche Rolle die Epigenetik im Zusammenhang mit dem Eintritt in die Pubertät spielt: Zunächst wird – vereinfacht ausgedrückt – im Hypothalamus die Aktivierung der Kisspeptide gehemmt, die für den Startschuss angeknipst werden müssen. Erst nachdem ein bestimmtes Gen per Methylierung abgeschaltet wird, beginnt der Eintritt in die Pubertät. Hemmten die Forscher die initiale DNA-Methylierung, zögerte sich die Pubertät der Ratten heraus.

In welchem Alter das der Fall ist, hängt von verschiedenen Einflüssen ab. Prinzipiell kommen kleine Hunde früher in die Pubertät als große oder anders ausgedrückt fällt bei manchen Riesenrassen beinahe das Stadium „erwachsener Hund“ weg, weil sie extrem spät erwachsen, dann aber sehr früh zum Senior werden.

Auch das Körpergewicht beziehungsweise der Fettanteil spielt eine wichtige Rolle, weil der Eintritt in die Pubertät, deren Ziel ja die eigene Fortpflanzung ist, nur dann Sinn macht, wenn der Körper auch ausreichende Energiereserven für eine potenzielle Trächtigkeit hat. Vermittelt wird das durch ein Hormon, das aus Fettzellen freigesetzt wird, wenn welche vorhanden sind, das Leptin. Die Gleichung ist ganz einfach: Kein Leptin = keine Energiereserven = keine Pubertät. Ähnliches lässt sich auch bei unseren Artgenossen beobachten, so kommen Hochleistungsturnerinnen oft erst nach Beendigung der sportlichen Karriere in die Pubertät. Auch eine Anorexie, die sich ja gerne in der Pubertät manifestiert, verschiebt den Startschuss für die Pubertät. Andersherum kann Übergewicht bei

Bei kleinen Hunden setzt die Pubertät früher ein als bei größeren Artgenossen.

Hündinnen den Pubertätseintritt beschleunigen, weil auch Fettgewebe kleine Mengen an Östrogen produziert. Beim männlichen Tier hemmt hingegen dieses Östrogen den Startschuss.

Piranha hat etwas dagegen, dass Rita läufig wird.

Ebenso kann langfristiger (Cortisol-) Stress den Beginn der Pubertät verzögern, was man oft zum Beispiel bei Vermehrer- oder „klassischen" Auslandshunden findet, also denen, die tatsächlich wenig bis nichts von den Dingen kennengelernt haben, die in unserer Zivilisation relevant sind, was sie entsprechend oft überfordert.

Ein weiterer Grund für ein Nach-hinten-Schieben der Pubertät sind in Mehrhundehaltungen psychosoziale Einflüsse. Auch Piranha („das Pü"), ein Chi und nach eigenen Angaben die Chefin hier, war der Ansicht, dass es Rita-Line, dem deutlich jüngeren Beagle-Terrier-Mix nicht zusteht, Welpen zu bekommen, da das ein eindeutiges Privileg der älteren und im Status höherstehenden Hündin ist. Und so wurde Rita, obwohl mit zehn

Das KISS-1-Gen macht aus niedlichen Welpen pubertierende Jungspunde.

Kilo auch ein Kleinhund, erst mit zweieinviertel Jahren das erste Mal läufig. Bis dahin machte sie zwar ein paarmal zaghaft mit, zog aber nie bis zu den Stehtagen, also zur Ovulation durch, sondern brach jeweils vorher wieder ab. Andererseits zeigen Studien beim Hund (Asher, 2017), dass eine unsichere Bindung den Eintritt in die Pubertät beschleunigen kann. Die Theorie dahinter ist, dass Hunde früher abwandern und eine eigene Familie gründen, wenn sie sich in der Herkunftsfamilie unsicher gebunden fühlen also nicht wirklich erwünscht sind. Das ist auch beim Menschen nachgewiesen.
Ein vergleichsweise oft anzutreffender medizinischer Grund für eine Verzögerung der Pubertät ist eine Schilddrüsenunterfunktion, die beim Hund eine häufige endokrinologische Störung darstellt. Sollte der Hund auffällig spät in die Pubertät kommen und weitere Symptome aufweisen, lohnt sich ein Blick auf die Schilddrüsenwerte. Auch eine gynäkologische Untersuchung macht dann Sinn. Dennoch ist es, vor allem bei großen Hunden, erst mal als normal anzusehen, wenn eine Hündin bis zum zweiten Lebensjahr noch nicht läufig war.

Wie geht's los?

Nachdem beim Welpen bereits kurz nach der Geburt alle Sexualhormone vorhanden sind, machen sie sich ein paar Wochen später wieder aus dem Staub und kommen erst mit dem Einsetzen der Pubertät wieder in höheren Konzentrationen zurück.

Den Startschuss für die Pubertät gibt dann das sogenannte KiSS-1-Gen, indem es das von ihm gebildete Kisspeptid, eine Verbindung aus mehreren Aminosäuren, an einen bestimmten Rezeptor bindet, den GPR54-Rezeptor. Dieses Eiweißmolekülpaar setzt dann eine biochemische Reaktionskette in Gang, an deren Ende die Produktion der Sexualhormone steht, die wiederum auf Gehirn und Körper wirken und aus süßen Junghunden erst pubertierende Monster und dann erwachsene Hunde machen. Ist das GPR54-Gen blockiert, findet keine Pubertät statt und es werden keine Sexualhormone gebildet: *No Kisspeptin, no kiss!* Dass das Peptin passenderweise ausgerechnet Kiss heißt, ist aber reiner Zufall, wenn auch ein netter.
Kisspeptin steuert übrigens auch das Hingezogensein zum anderen Geschlecht und das sexuelle Verlangen. Bei Mäusen stimulieren bestimmte Duftstoffe, die von der männlichen Maus gebildet werden, speziell die Nervenzellen, die das Kisspeptin produzieren. Hierdurch wird ein Schaltkreis im Gehirn aktiviert, der die Aufmerksamkeit des Weibchens für das Männchen erhöht. In einem parallelen Schaltkreis wird das Kisspeptinsignal auch an Zellen übertragen, die den Neurotransmitter Stickstoffmonoxid produzieren, um die sexuelle Bereitschaft zu stimulieren.

Von einem einzigen Molekül, dem Kisspeptin, werden also Pubertät, Fruchtbarkeit, Anziehung zum anderen Geschlecht und sexuelle Motivation gesteuert.

Die hormonelle Lunte

Nachdem das KiSS-1-Gen aktiviert wurde, beginnt das Gehirn, genauer gesagt der Hypothalamus, ein Teil des Zwischenhirns und wichtige Schaltzentrale des Körpers, mit der Produktion des Hormones GnRH (Gonadotropin-Releasing-Hormon), das seinerseits die Hypophyse, also die Hirnanhangsdrüse stimuliert, die sogenannten Gonadotropine, nämlich die Hormone FSH (follikelstimulierendes Hormon) und LH (Luteinisierendes Hormon) zu produzieren. Diese wirken wiederum auf die Keimdrüsen, also die Hoden oder die Eierstöcke, die daraufhin in die Produktion der Sexualhormone einsteigen.

Praktischerweise regulieren sich die Sexualhormone ganz alleine, solange keine Störung vorliegt. Bei einem Zuviel an Testosteron (oder auch Östrogen oder Progesteron) erfolgt eine Rückmeldung „nach oben“ in die Hypophyse, die daraufhin die Produktion von FSH und LH herunterregelt. Ist zu viel an FSH und LH vorhanden, wird die Bildung von GnRH im Hypothalamus gedrosselt – eine Tatsache, die sich der „Kastrationschip“ für die vorübergehende Kastration zunutze macht, wie wir später bei den Alternativen zur chirurgischen Kastration noch sehen werden.

Ist die hormonelle Lunte erst einmal gezündet, geht es rund.

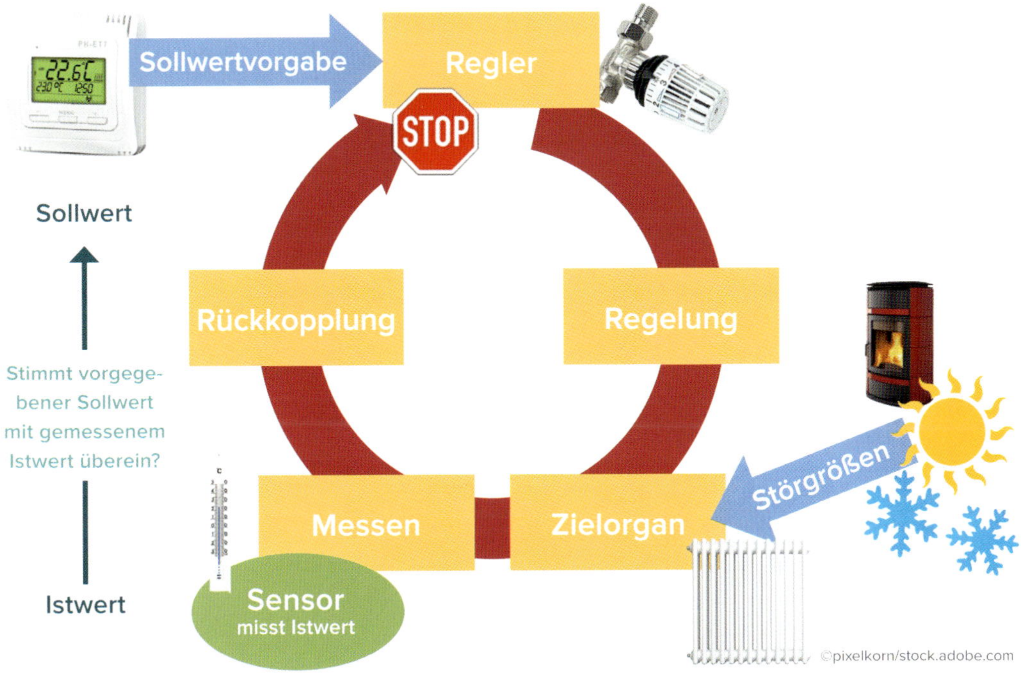

Auch wenn Heizungsanlagen mit Hormonen nicht allzu viel zu tun haben, lassen sich moderne Heizungen ganz gut gebrauchen, um hormonelle Regelkreise zu erklären. Denn auch hier gibt es eine Sollwertvorgabe, eine Temperatur, die man einstellt und die erreicht werden soll. Dazu braucht es zunächst einen Regler, der sich bei der Heizung meist im Keller befindet, aber natürlich auch „ausführende Organe", im Heizungsbeispiel die Heizkörper. Wie bei den Hormonen gibt es auch hier Einflüsse von außen, die in den Regelkreis eingreifen und ihn stören. So ist es in meinem uralten Haus mit ebenso uralten Fenstern ein Unterschied, ob es draußen mal wieder Temperaturrekorde von 30°C aufwärts gibt, oder es eben Frost und -20°C hat. Auch ob ich meinen Ofen im Wohnzimmer zur Unterstützung anwerfe oder ein Fenster aufreiße, nimmt Einfluss auf den Regelkreis. Das darf eine gute Heizung aber nicht aus der Bahn werfen – sie muss die vorgegebene Temperatur trotzdem einhalten. Und dafür braucht es eine Rückkoppelung: die aktuelle Temperatur, also der Istwert, wird gemessen und mit dem vorgegebenen Sollwert abgeglichen. Ist die gemessene Temperatur zu hoch, weil draußen tropische Temperaturen herrschen, wird am Regler runterreguliert, ist sie zu niedrig, wird erneut hochgefahren – so lange, bis der Istwert wieder dem Sollwert entspricht. Solange es keine Fehler in der Heizung gibt, weil etwas kaputt ist oder jemand die Heizkörper geklaut hat, reguliert sich das System immer wieder von ganz alleine.

Installateure mögen mir an dieser Stelle meine laienhaften Heizungserklärungen verzeihen!

Bei der Hündin wird der nun angestiegene Sexualhormonspiegel durch den Beginn des Zyklus offensichtlich, der sich ab jetzt lebenslang regelmäßig wiederholen wird. Aber auch beim Rüden führen die anflutenden Hormone zu zahlreichen Veränderungen sowohl körperlicher als auch psychischer Natur. So sind sie für zahlreiche Umbauarbeiten im Gehirn genauso verantwortlich wie für körperliche Veränderungen während der Pubertät.

Die Pubertät ist ja gemeinhin das Alter, in dem man abwandert und eine eigene Familie gründet, und es verändert sich nicht nur körperlich noch mal ganz viel, sondern auch das Verhalten. Insgesamt wird infantiles, emotionales Verhalten, das für einen Welpen oder Junghund total angemessen ist, gegen rationales und erwachsenes Verhalten ausgetauscht, was dann eben zum weiteren Leben als erwachsener Hund und den damit verbundenen Aufgaben passt. Man könnte die Pubertät folglich als „Unternehmensberatung für das Gehirn" bezeichnen.

Unternehmensberatung für das Gehirn

Vor der Pubertät herrscht in der Firma Gehirn ziemliches Chaos: Keiner weiß so recht, was seine Aufgabe ist, die gesamte Infrastruktur ist veraltet, das Geschäftskonzept passt nicht mehr in die Zeit, und eigentlich sind auch viel zu viele

Ein Pubertier auf Höhenflug.

Mitarbeiter eingestellt, die nur rumsitzen und Däumchen drehen. Zeit, die Unternehmensberatung zu rufen! Denn die interne Firma muss an das zukünftige Leben angepasst werden und das Denkorgan braucht ein komplettes Update. Zunächst werden Mitarbeiter entlassen, die bisher nicht benötigt wurden, und genau das macht das Gehirn, indem es zur sogenannten Apoptose, dem programmierten Zelltod, aber auch zum Abbau zahlreicher Synapsen kommt. Die sogenannte graue Substanz („graue Zellen“ = Nervenzellkörper) dünnt sich stark aus. Beim Menschen werden in der Pubertät 30.000 Synapsen pro Sekunde abgebaut – eine Zahl, die eigentlich alles zur Pubertät erklärt. Dennoch bleiben offenbar genug davon für das restliche Leben übrig, zumindest bei den meisten ...

Warum ist das so? Weil die Pubertät die Zeit des Umbruchs ist. Man verlässt in der Regel das Hotel Mama, packt seine Köfferchen, wandert ab und gründet eine eigene Familie. (Ich bin mir übrigens sicher, dass das auch viele missverstandene Junghunde in der Pubertät gerne tun würden!) Das Gehirn muss jedoch an das Erwachsenendasein, den neuen Lebensraum und die damit verbundenen Anforderungen angepasst werden. Es wird also ordentlich ausgemistet und aufgeräumt. Was bisher nicht gebraucht wurde, fliegt raus. Alles, was weiterhin benötigt wird, bekommt seinen festen Platz. „Use it or loose“ ist das Motto, man könnte auch von einem neuronalen Darwinismus – *survival of the fittest* – reden.

Auch ein erfahrener Hund kann in wilden Zeiten Orientierung geben.

Use it or loose it

Das ist auch der Hintergrund, warum Hunde bis zur Pubertät möglichst viel kennengelernt haben sollten, denn was bis dahin an stabilen Verknüpfungen zwischen den Nervenzellen nicht da ist, verschwindet auf Nimmerwiedersehen, während das, was da ist, zu stabilen Netzwerken ausgebaut wird.

Allerdings beziehen das erfahrungsgemäß viele Halter ausschließlich auf alles, was mit Aktivierung zu tun hat und überfordern Hunde gnadenlos mit Monster-Welpen- und Junghundeprogrammen. Da stehen dann montags der Zoobesuch, dienstags der Hauptbahnhof, mittwochs die Fußgängerzone inklusive Restaurantbesuch auf dem Programm, donnerstags kommen die Oma und die Nachbarn, dazwischen gibt es Welpenspiel, Hundeschule, Clickertraining, Geräteturnen für die Koordination und musikalische Früherziehung. So gibt es vermutlich in ganz Deutschland kaum mehr Hunde, die das ach so alltagsrelevante Bällebad bis zur Pubertät nicht kennengelernt haben. Wie will man als Hund sonst auch gut durchs Leben kommen? Bällebäder gibt es schließlich an jeder Straßenecke. Nicht.

Was über all dem aber zu oft vergessen wird, ist das andere Ende der Aktivitätsskala, nämlich die Hemmung, also im praktischen Leben Schlaf, Pausen, Ruhe, der „Aus-Knopf", die so unglaublich wichtig für ein entspanntes und damit gesundes Hundeleben sind. Das Gehirn unterscheidet nämlich keineswegs zwischen Aktivierung und Hemmung, und auch für letztere gilt, dass die dafür verantwortlichen Netzwerke im Gehirn

Genauso wichtig wie neue Erfahrungen ist jetzt Entschleunigung.

bis zur Pubertät stabilisiert sein müssen, um dann nicht der Unternehmensberatung zum Opfer zu fallen. Wer hier vor der Pubertät eine solide und ausgewogene Basis an Aktivität und Ruhe geschaffen hat, hat spätestens nach der Pubertät wieder gut lachen.

Infrastruktur

Aber nicht nur das. Die Unternehmensberatung sorgt auch für eine verbesserte Infrastruktur, indem bildlich gesprochen olle Kupferkabel gegen Glasfaserkabel ausgetauscht werden. Im Gehirn bedeutet das, dass die sogenannten Myelinscheiden (ein Teil der „weißen Substanz") ausgebaut werden. Myelinscheiden sind Schutzhüllen um die Nervenfasern, analog zur Isolationshülle um elektrische Kabel. Sie sorgen dafür, dass Reize nach der Pubertät bis zu dreitausendmal schneller weitergeleitet werden und es nicht ständig zu Kurzschlüssen kommt, denn auch das Gehirn arbeitet mit elektrischen Impulsen.

Aufgabenneuverteilung

Des Weiteren werden die Aufgaben von der Unternehmensberatung neu verteilt; es werden sogar ganz neue Abteilungen gebildet: Das Gehirn wird spezialisierter, ganz bestimmte Areale übernehmen jetzt bestimmte Aufgaben. Vor allem ein Teil der Hirnrinde, der präfrontale Kortex (Stirnhirn), der für wichtige Exekutivfunktionen wie Impulskontrolle, Frustrationstoleranz oder auch die Fähigkeit zur Empathie zuständig ist, aber auch die gesamte Großhirnrinde sind die eigentlichen Gewinner. Die Gehirnbereiche, die für Emotionen zuständig sind wie das limbische System und die Amygdala, der Mandelkern, haben hingegen nach der Pubertät weniger Zuständigkeiten.

Pause, Ruhe, Ausknopf – Piranha hat das Lernziel erreicht.

Dieser Anschluss ist vorübergehend nicht besetzt

Das große Problem beim Umbau ist, dass auf Großbaustellen selten alles reibungslos verläuft. Auch im Gehirn folgen die Umbauarbeiten einer komplexen Choreografie und arbeiten sich von vergleichsweise einfachen zu hochkomplexen kognitiven Funktionen vor. Bereits relativ früh werden im sensorischen und motorischen Cortex im Scheitellappen die Sinne und die motorischen Fähigkeiten geschärft. Danach ist der Stirnlappen dran, der für die Koordinationsaufgaben zuständig ist, wie zum Beispiel die räumliche Orientierung.

In die Chefetage, den präfrontalen Cortex, kommt die Unternehmensberatung Pubertät erst später, denn dieser entwickelt sich besonders langsam. Aber genau er ist es, der für all die tollen Vernunftleistungen wie die Impulskontrolle, Willensbildung oder auch Handlungsplanung zuständig ist. Dadurch kann sich der emotional betonte Teil des Gehirns bis dahin austoben und hat freie Bahn, was wir am Verhalten unserer Jungspunde deutlich merken.

Die Sexualhormone leisten auch hier einen direkten Beitrag, vor allem im limbischen System, das eine wichtige Rolle bei der Verarbeitung von Emotionen spielt und viele Hormonrezeptoren vorweisen kann. Testosteron scheint mehr das Wachstum der Amygdala, Östrogen das des Hippocampus zu fördern. Beide Regionen gehören zum Belohnungssystem. Die Amygdala wirkt als emotionaler Verstärker, vor allem wenn es um Angst oder Wut geht, wohingegen der Hippocampus zum Beispiel wichtig für die

Sprotte hat die Pubertät an der Backe.

Gedächtniskonsolidierung, also die Überführung von Gedächtnisinhalten aus dem Kurzzeit- in das Langzeitgedächtnis, aber auch für die räumliche Orientierung ist.

Vor allem die Amygdala wird verdächtigt, die Hauptschuldige für den pubertären Wahnsinn zu sein. Sie ist mit anderen Gehirnarealen bestens vernetzt und mischt bei pubertären Herausforderungen wie erhöhter Aggression, Furchtlosigkeit, großer Risikobereitschaft und der Suche nach dem nächsten Kick fleißig mit.

Im Gegensatz zu anderen Gehirnregionen nimmt die graue Substanz in der Amygdala in der Pubertät sogar zu, vor allem beim Rüden unter dem Einfluss des Testosterons. Das führt in der Amygdala nur leider nicht zu verbesserten kognitiven Funktionen, sondern eher zum Gegenteil. Auch das Erkennen von Gesichtern, aber auch Gefühlen anderer (Empathie) nimmt vorübergehend ab. Ich bin ja ein großer Verfechter großer Empathie bei Hunden, aber in der Pubertät würde ich darauf nicht allzu viel setzen ...

Beim Menschen und bei Labortieren ist nachgewiesen, dass dieser Umbau vorübergehend zum totalen Chaos im Gehirn führt: Die Gehirne Jugendlicher schwingen in der Pubertät anders als die erwachsener Menschen. Dabei ist es das, was unser Gehirn so effizient macht: Nur wenn selbst weit voneinander entfernte Netzwerke synchron miteinander schwingen (sogenannte hocheffiziente, funktionale Netzwerke), funktioniert die Kommunikation zwischen den unterschiedlichen Gehirnregionen und die gesamte Firma kann effektiv arbeiten.

Es besteht aber Hoffnung, denn die Pubertät und die mit ihr einhergehenden „komischen Schwingungen“ gehen vorüber, nachdem die Unternehmensberatung ihren Job zu Ende gebracht hat und wieder abgereist ist. Nun schwingt alles wieder im Gleichtakt. Bis dahin hilft aber bei entsprechenden Pubertieren nur ein verdammt langer Atem ...

Hohe Vulnerabilität

Aber Achtung, die Pubertät ist nicht nur eine vergleichsweise anstrengende Phase im Hunde(-halter-)leben, sondern auch eine besonders verletzliche, denn die hohe neuronale Plastizität macht auch besonders anfällig für Störungen. Das erklärt, warum bei Jugendlichen viele psychische Erkrankungen in der Pubertät erstmals auftreten. Die Pubertät ist zum Beispiel auch die beste Zeit, um eine Beziehung nachhaltig zu zerstören oder anderweitig bleibende Schäden zu verursachen.

Der Umbau des Gehirns läuft immer in Interaktion mit der belebten und unbelebten Umwelt, darum ist es jetzt noch mal besonders wichtig, dass der Jungspund keine negativen Erfahrungen macht, da diese durch die große Vulnerabilität besonders in dieser Entwicklungsphase zu nachhaltigen Veränderungen führen können. Gemeinsam gut mit dem Hund durch die Pubertät zu kommen ist die beste Investition in ein angenehmes Leben mit einem erwachsenen Hund, und es gibt wohl kaum eine teambildendere Phase als die Pubertät/Adoleszenz. Mal ehrlich, was soll einem danach noch passieren? Okay, irgendwann kommt der demente Seniorhund, das ist dann unter Umständen noch mal eine Herausforderung, die es mit der Pubertät aufnehmen kann ...

Körperlicher Umbau

Aber nicht nur im Gehirn, sondern auch im restlichen Körper wird in der Pubertät unter dem Einfluss der Sexualhormone nochmals vieles umgestellt. So wird zum Beispiel das Längenwachstum durch die zu Beginn der Pubertät plötzlich in rauen Mengen anflutenden Sexualhormone, die hier als Gegenspieler der Wachstumshormone (Somatomedine) fungieren, beendet – wenn denn Sexualhormone anwesend sind! Es ist nämlich lange bekannt, dass der Epiphysenschluss, also der durch die Sexualhormone beendete Wachstumsstopp durch das endgültige Verknöchern der Wachstumsfugen bei Frühkastraten nicht so stattfindet wie vorgesehen. Das ist einer der Gründe, warum Frühkastraten etwas höher werden als intakte Artgenossen und häufiger Probleme mit dem Bewegungsapparat haben. Auch kommt es durch die Sexualhormone zu einem Geschlechtsdimorphismus, das heißt die Unterschiede zwischen den Geschlechtern werden deutlicher. Vor allem die Verknöcherung und damit die endgültige Ausprägung des Beckens, das ja für eine (im wahrsten Sinne des Wortes) reibungslose Geburt maßgeblich ist, zeigt bei weiblichen Individuen ein verlängertes spätes, postadoleszentes Wachstum.

Länge erreicht man bereits in der Pubertät, die Größe erst danach.

Auch die motorischen und prämotorischen Areale im Gehirn werden ausgebaut, was zum „schlaksigen“ Gang führt, den nicht nur unsere Artgenossen in der Pubertät zeigen. Beim Menschen wird auch der komplette Tag-Nacht-Rhythmus nach hinten geschoben. Dass Jugendliche plötzlich vor Mittag nicht mehr aus den Federn kommen, ist also nicht nur durchgefeierten Nächten geschuldet, sondern schlichtweg ein Symptom der Pubertät. Da Hunde aber prinzipiell ein ganz anderes Schlaf-Wach-Muster haben als wir Menschen, lässt sich daraus aber vermutlich nichts über Hunde ableiten.

Beim männlichen Menschen findet in diesem Alter auch der Stimmbruch statt, was oft nicht zu überhören ist. Beim Hund gibt es zwar keinen klar abgegrenzten Stimmbruch, aber hier hören sich ein fiepsender Welpe oder ein schrill bellender Junghund ganz anders an als ein erwachsener Hund mit einer tiefen, sonoren Stimme.

In Bezug auf die Hündin sei an dieser Stelle auf den Einfluss des Östrogens auf die Konzentration des Bindungshormons Oxytocin und seiner Rezeptoren hingewiesen, der dazu führt, dass die Bindungsbereitschaft und damit die Anhänglichkeit und das „Verschmustsein" der Hündin in den ersten Läufigkeiten von Mal zu Mal wächst, was man den Hündinnen auch deutlich anmerkt. Wer hat nicht gerne einen bindungsbereiten Hund?

Wozu das Ganze?

Da die Pubertät nicht erfunden wurde, um Hundehalter auf die Probe zu stellen und ihnen das Leben schwer zu machen, muss es eine andere Erklärung für all den neuronalen Wahnsinn geben.
Der evolutionäre Sinn ist das Abwandern, die Abkoppelung von den Eltern, das Gründen einer eigenen Familie und der Aufbau eines eigenen Erfahrungsschatzes, der das Leben als unabhängiges, erwachsenes Individuum ermöglicht. Eigene Erfahrungen, an denen man wachsen kann, macht man nun mal nicht, wenn man keine Risikobereitschaft mitbringt, sondern stattdessen lieber weiterhin an Muttis Rockzipfel hängt und auf Haftpflichtversicherungen, Gartenzwerge und Jägerzäune steht. Entsprechend sind Entgleisungen, die Suche nach dem Kick und extrem emotionales Verhalten in der Pubertät zunächst normal – wenn auch unterschiedlich stark ausgeprägt.

Die Welt inklusive lauter spannender Erfahrungen, die man machen kann, wartet darauf, erobert zu werden! Und es ist an uns, unsere Hunde bei diesem Abenteuer zu begleiten, ihnen notwendige Erfahrungen zu ermöglichen und sie in die richtigen Bahnen zu lenken – sowie ihnen die für all das notwendigen Sexualhormone zu lassen.

Wer wagt, gewinnt: ohne eine gewisse Risikobereitschaft keine Entwicklung.

Um gut durch wilde Zeiten zu kommen, brauchen Hunde Sicherheit, Orientierung und Vertrauen; kurzum Führun

Was bedeutet das für den Halter?

Es gibt das schöne Sprichwort, das besagt: „Wenn die Kinder klein sind, gib ihnen Wurzeln, wenn sie groß sind, gib ihnen Flügel." Wir sind uns vermutlich alle einig, dass wir nicht wollen, dass unser Hund irgendwann die Flügel ausbreitet und einfach davonfliegt? Aber ich möchte durchaus, dass meine Hunde, die bis zur Pubertät alle die notwendigen Wurzeln in Form von Bindung, Sicherheit und Vertrauen ausgebildet haben, wenigstens ein paar gestutzte, kleine Flügelchen bekommen, um ein angemessenes Leben als das führen können, was sie sind: erwachsene Individuen! Dazu gehört aber die Möglichkeit, Erfahrungen zu machen, Dinge zu hinterfragen und sich ausprobieren zu dürfen, ganz besonders im Zusammenhang mit sozialen Themen. Aber auch alles andere, was der Welpe bisher mit auf den Weg bekommen hat, muss in der Pubertät noch mal bestätigt werden, damit es nicht dem Abbau der Synapsen zum Opfer fällt.

Weniger Wert lege ich in der Pubertät auf den reinen, formalen Gehorsam (der zugegebenermaßen eh nicht wirklich meins ist), denn dem entsprechend pubertierenden Hund zum Beispiel ein korrektes „Fuß" abzuverlangen, bei dem er mit Blickkontakt zu mir an der linken Seite gehen soll, ist unter Umständen in dieser Phase nicht sinnvoll, weil die Durchsetzung des Kommandos dazu führt, mit meinem Hund in Konflikt gehen zu müssen – was, wenn es immer wieder passiert, dazu führt, dass der Hund seine Köfferchen packen und abwandern würde, da man ihm ja dauerhaft signalisiert, dass er nicht mehr erwünscht ist.

Ich bin prinzipiell nicht konfliktscheu, überlege mir aber genau, was in dieser vulnerablen Zeit einen Konflikt wert ist und was eben nicht. Wenn die Basis, die man hoffentlich bereits vorher beim lernbereiten Welpen gelegt hat, trägt, kann man nach der Pubertät problemlos darauf zurückgreifen, denn „Sitz“, „Platz“, „Fuß“ sind sicherlich nicht das, was Hund und Halter gut durchs Leben bringt. Wenn ein Hund ein zuverlässiges „Nein“ und „Hier“ beherrscht, kann er ja schon 90 Prozent mehr als 90 Prozent aller Hunde, die mir draußen so begegnen ...

Ich habe in meinem Kopf eine Liste mit Themen, die mir wirklich wichtig sind, und bei denen bin ich auch in der Pubertät absolut konsequent. Bei mir sind das ein funktionierendes Abbruchsignal, der Rückruf, die Leinenführigkeit und der nette Umgang mit Artgenossen, anderen Tieren und Menschen. Wenn sie das draufhaben, bin ich absolut zufrieden! Außerdem ist es in der Pubertät extrem wichtig, gute Bewältigungsstrategien für Stress und Konflikte zu entwickeln sowie ihre Resilienz („psychische Widerstandsfähigkeit“) beispielsweise durch die Erfahrung von Selbstwirksamkeit und sozialer Unterstützung zu steigern. Davon werden Hund und Halter in ihrem weiteren Leben weit mehr haben als von einem regelkonformen „Fuß“.

Und am Ende gilt es sowohl vor lauter Liebe die Konsequenz nicht aus den Augen zu verlieren wie auch vor lauter Konsequenz die Liebe nicht zu vergessen.

Ich glaube ja übrigens, dass es – wie bei fast allem im Leben – der Humor ist, der uns am Ende rettet! Keinen Humor zu haben macht das Pubertier ja auch nicht erträglicher.

Das Einzige, was neben dem Humor bleibt, ist der lange Atem und das Mantra, dass die Pubertät ein Lebensabschnittgefährte ist und vorübergeht. Und vielleicht die Freude darüber, sich nicht für einen Grönlandhai als Haustier entscheiden zu haben, denn da dauert die Phase des Erwachsenwerdens gut fünfzig Jahre ...

Das lernt er nie?!

Ich erinnere mich zu gut an die erste Läufigkeit hier und natürlich auch an die erste Läufigkeit mit dem passenden intakten Rüden zu Hause. „Wie praktisch, nicht mal mehr aus dem Haus zu müssen“, denkt sich die Hündin. „Ich schaffe das nie“, denkt sich hingegen die Halterin.

Sich mit anderen zu messen gehört in der Pubertät dazu.

Und das, obwohl die naive Halterin, also ich, damals noch den festen Glauben daran hatte, den Beagle eines Tages in jeder Situation aus dem Galopp von Hasen abrufen zu können. An dieser Stelle sei bereits verraten, dass Letzteres, war er einmal gestartet, bis zum Schluss nicht zuverlässig möglich war, aber Ersteres vergleichsweise problemlos funktionierte.

Auch der viel beschworene und entsprechend erwartete „unzumutbare Stress“ für beide Geschlechter blieb aus. Natürlich wäre es gelogen zu behaupten, dass die Tage der Läufigkeiten nicht etwas stressiger wären als die dazwischen, aber ich bin überzeugt davon, dass meine Hunde derzeit wesentlich mehr Vorteile durch ihre Sexualhormone genießen als Nachteile durch sie – sowohl gesundheitlich als auch aus Verhaltenssicht.

Glaubenssätze

Dennoch halten sich Glaubenssätze vom „unzumutbaren Stress“ oder per se in der Läufigkeit leidenden Hündinnen bis heute hartnäckig und werden gerne von Menschen geäußert, die nur einen Hund, am besten kastriert, haben. Glaubenssätze sind tief verankerte Annahmen über uns selbst oder in dem Fall den Hund und unser Leben mit dem Hund. Ein Hundehalter, der den Glaubenssatz lebt, dass eine intakte (Mehr-)Hundehaltung sowieso nicht möglich ist, wird das vermutlich auch so wahrnehmen und erleben.

Tatsächlich ist es auch mehr als der pure Zufall, ob der Rüde mit läufigen Hündinnen zurechtkommt oder ob bereits ein Duftmolekül ausreicht, um ihn in die komplette Verzweiflung zu treiben. Wie fast alles andere im Leben, muss ein Hund

Für Junghunde ist vorübergehend alles spannender als der eigene Halter.

auch den Umgang mit dem anderen Geschlecht lernen. Hunde sind auch nur Menschen, und wenn wir uns mal kurz an unsere eigene Pubertät erinnern ...
Denn in der Pubertät werden sie plötzlich interessant, die verlockenden Düfte der Weiblichkeit, und wie alles Neue ist das zunächst unwiderstehlich. Der pubertierende Rüde beschränkt sich ja keineswegs auf läufige Hündinnen, sondern hat von Stehtagen noch nie was gehört und nimmt zur Not auch kastrierte Hündinnen oder gar Rüden – Hauptsache, man kann sich ausprobieren. Dass nicht jede Hündin – womöglich sogar unabhängig vom Zyklusstand – die potenzielle Mutter des eigenen Nachwuchses ist, muss er erst lernen. Und genauso wie man Schwimmen nur im Wasser trainieren kann, kann man den Ablauf der Läufigkeit nur im Kontakt mit läufigen Hündinnen üben. Alle intakten Rüden in Mehrhundehaltungen mit intakten Hündinnen kommen vergleichsweise gut damit zurecht, sonst gäbe es diese Konstellation nicht doch relativ häufig, zum Beispiel bei vielen Züchtern. Aber all diese Rüden haben gemeinsam, dass sie Zeit hatten zu lernen trotz läufiger Hündin entspannt zu bleiben. Ich wiederhole mich, wenn ich sage, dass es für einen intakten Rüden, der mit dem Zyklus einer Hündin vertraut ist, einer Energieverschwendung gleichkommt, außerhalb der Stehtage, also der wirklich fruchtbaren Tage zu decken. Und in den Stehtagen sind die meisten Rüden nach den ersten ein oder zwei Läufigkeiten ganz gut händelbar.

Was Hunde neben der Physiologie des weiblichen Zyklus auch lernen müssen, ist „die Spreu vom Weizen zu trennen“, denn auch in der Läufigkeit ist nicht jeder Angehörige des jeweils anderen Geschlechts automatisch der perfekte Vater oder die perfekte Mutter für den eigenen Kinderwunsch. Da hat das Immunsystem auch noch ein Wörtchen mitzureden, weil ja das Ziel stets ist, den Nachwuchs möglichst fit, also robust zu machen, wofür ein gut arbeitendes Immunsystem essenziell ist. Deswegen sucht man sich intuitiv und über Pheromone, also über den Duft vermittelt, den Partner, dessen Immunsystem sich möglichst vom eigenen unterscheidet, damit der Nachwuchs breit aufgestellt ist.

Jemanden nicht riechen können

Den Spruch „Jemanden nicht riechen können“ kennen wir alle. Dass viel mehr dahintersteckt als gedacht, wissen die wenigsten. Aber die Partnerwahl läuft – nicht nur beim Hund, sondern auch bei uns Menschen – zu einem Großteil über den Geruch, und das glücklicherweise sogar ganz ohne dass wir erst mal ausgiebig am Hinterteil des Gegenübers schnüffeln müssen.

Dabei geht es aber nicht um den zarten Duft von Rosen, sondern um den „Geruch des Immunsystems“, der uns dabei helfen soll, den Partner zu finden, mit dem wir – oder eben unsere Hunde – die widerstandsfähigsten Nachkommen zeugen können. Was wir nämlich unbewusst über die Nase wahrnehmen, sind die sogenannten Haupthistokompatibilitätskomplexe (engl: *Major Histocompatibility Complex*; MHC), eine Gruppe von Genen, die Proteine codieren, die für die Immunerkennung und die immunologische Individualität verantwortlich sind. Es gibt sie bei allen Wirbeltieren, also auch bei Menschen und Hunden.

Die MH-Komplexe sind dabei so etwas wie die Türsteher des Immunsystems: Sie erkennen Eindringlinge in den Körper sowie Schädigungen und rufen bei entsprechendem Alarm Immunzellen auf den Plan, die den Krankheitserregern den Kampf ansagen. Je mehr unterschiedliche Türsteher man hat, desto besser kann man den Laden, sprich den Organismus sauber halten.

Entscheidend bei den MHCs ist das richtige Maß: Als passender Partner gilt, wer sowohl ausreichende Überschneidungen mit dem eigenen Immunsystem aufweist, aber auch über genug Abweichungen verfügt, damit der Nachwuchs beziehungsweise sein Immunsystem optimal aufgestellt ist. Ist das nicht so, kann es passieren, dass Rüde und Hündin trotz des passenden Zeitpunkts kein Interesse aneinander haben. Auch hier gab es immer wieder mal läufigen und sogar stehenden Damenbesuch, an dem Meier keinerlei Interesse zeigte. Ich kann die MH-Komplexe nicht fragen, gehe aber davon aus, dass es sich dann um genau solche „Nicht-Passungen“ handelte.

Diese Mechanismen des Immunsystems stellen natürlich auch einen gewissen Schutz gegen Inzucht dar, weil bei eng verwandten Tieren die MH-Komplexe

Jungspunde müssen erst lernen, die Gerüche der Hündinnen richtig einzuordnen.

relativ ähnlich sind. Aber Achtung, darauf kann man sich keinesfalls verlassen – es gibt mehr als genug Würfe, die unter Geschwistern „passiert" sind.

Das Wissen um die Wichtigkeit passender MH-Komplexe ist übrigens nicht mehr ganz neu, dennoch ist die Realität in der Hundezucht aber leider oft eine andere. Der Rüde ist bereits ausgesucht, der Progesterontest bestätigt, dass die Hündin jetzt deckbereit ist, und man ist ja schließlich in vielen Fällen eine weite Strecke gefahren – das muss doch jetzt klappen!
Doch dann stehen Hündin in den Stehtagen und Rüde da und wissen nicht so wirklich, was sie mit sich anfangen sollen. An dieser Stelle wird leider oft über die Hunde und ihre Entscheidung hinweggegangen und nachgeholfen. Was für Auswirkungen das für den Nachwuchs hat, ist jetzt vermutlich klar. Wir pfuschen den natürlichen Mechanismen, die zu gesunden Hunden führen sollen, ins Handwerk und ignorieren die beiden beteiligten Immunsysteme. Die Folgen sind oft eine Hündin, die nicht aufnimmt, resorbierte Welpen oder eben geschädigter Nachwuchs.

Mir ist klar, dass ein Plädoyer für die freie Partnerwahl bei Hunden ganz schnell dazu führen würde, dass es keine Rassen mehr gibt, aber durch komplette Ignoranz der geschilderten Zusammenhänge wird der Hund weiter vor die Hunde gehen! Wenn wir uns bemühen wollen, wieder eine gesündere und fittere Hundepopulation zu züchten, gehört dazu auf jeden Fall auch, den Hunden wenigstens ein bisschen Mitspracherecht einzuräumen und zu respektieren, wenn sie Einwände gegen den jeweils anderen haben. Es gibt auch noch andere Rüden (oder Hündinnen) und es wird nicht die letzte Läufigkeit dieser Hündin sein, sodass man in dem Fall eben noch mal ein halbes Jahr warten und im Zweifelsfall einen anderen potenziellen Partner aussuchen sollte.

Zwei, die sich gut riechen können.

Der Praxisteil

Um all das in der Praxis zu lernen und sich auszuprobieren, bietet sich eine kompetent geleitete und gut moderierte Junghundegruppe perfekt an. Selbstverständlich ist das Ziel aber nicht, eine junge und mit ihren Hormonen sowieso zunächst überforderte Hündin in die Gruppe zu werfen und sie einfach machen zu lassen. Aber eine erfahrene, souveräne und sozial kompetente Hündin wird den Jungspunden diesen Lerninhalt sicherlich wesentlich besser vermitteln können als ein Mensch, denn wer zu penetrant ist, lernt nachhaltig fürs Leben. Die Halter dagegen lernen, wie sie einen Rüden trotz läufiger Hündin abrufen können, wie sie andererseits penetrante Rüden abwehren können und wann und wie es Sinn macht, einzugreifen. Gleichzeitig bieten sich solche Stunden auch wunderbar an, um über die Pubertät, das Zyklusgeschehen und den Umgang mit den Sexualhormonen des Hundes aufzuklären. Erfahrungsgemäß wird das Angebot von den Haltern dankbar angenommen.

Sich auch im Spiel auszuprobieren, gehört zur Pubertät.

Dranbleiben lohnt sich

Reibung erzeugt Wärme und bestandene Herausforderungen führen zu Wachstum – bei Hund wie Mensch! Sich an anderen zu reiben, um sich seinen passenden Platz in der Gruppe (aus Hunden oder Menschen) zu suchen, ist in diesem Alter schlichtweg normal.

Ganz wichtig: Erwarten Sie keine Wunder! Es dauert tatsächlich und ist ein hartes Stück Arbeit, aber das ist es auch, einen jagdlich motivierten Hund von Wild abrufen zu können. Und beides lohnt sich, versprochen! Wenn Sie auf dem Weg dahin mal wieder kurz vor dem Verzweifeln und der Vereinbarung eines Kastrationstermins stehen, erinnern Sie sich, dass auch ich in den jeweils ersten Läufigkeiten darüber nachdachte, das Buch sofort einzustampfen und die Hunde schnellstmöglich auf dem Küchentisch zu kastrieren! Alternativ verwünschen Sie mich mit bösen Flüchen – aber tun Sie das bitte mindestens drei Läufigkeiten lang oder eben bei einem Rüden, bis er definitiv aus der Pubertät/Adoleszenz heraus ist. Dann lasse ich über alles mit mir reden, solange es keine konkreten Gründe gibt, die dagegensprechen.

Die Kastration als Lösung?

Wenn Hunde quasi über Nacht pubertierend, renitent und beratungsresistent werden, verspricht man sich oft die schnelle Lösung durch Beendigung der Pubertät mit dem Skalpell, also durch eine Kastration. Abgesehen davon, dass wir das auch bei unseren Artgenossen aus guten Gründen nicht tun, wenn sie in der Pubertät vorübergehend im Ausnahmezustand sind, wäre das auch nur eine sehr kurzfristige und wenig nachhaltige Lösung.

Spätestens nach dem Lesen dieses Kapitels sollte klar sein, dass weder die Pubertät, noch die Sexualhormone nur eine lustige Laune der Natur, sondern ganz essenziell für die körperliche und geistige Entwicklung und Reifung sind. All das Beschriebene wie der Ausbau der Impulskontrolle, der Frustrationstoleranz, der Handlungsplanung und der Empathie, findet nur unter dem Einfluss der Sexualhormone statt. Keine Sexualhormone = keine Pubertät, aber auch kein Erwachsenwerden und keine Reifung. In diesem Alter kastrierte Hunde werden quasi in dem Zustand, in dem sie sich gerade befinden, hormonell und neurobiologisch „festgetackert“ und entwickeln sich eben nicht so weiter, wie das eigentlich vorgesehen ist.

Entsprechend zeigen Studien, dass eine Frühkastration das Risiko für eine deutlich erhöhte Reaktivität (Kim, 2006), wie sie zwar in der Pubertät normal ist, aber eben nur vorübergehend, und auch für unerwünschtes sexuelles Verhalten und verstärktes Aufreiten steigert (Spain, 2004). Da ist er dann schnell dahin, der Traum vom durch die Kastration ruhiger gewordenen Hund ... Eine spätere Kastration erhöhte zudem die Trainingsfähigkeit und

Dranbleiben lohnt sich – nach der Pubertät wird alles besser!

Konzentration und reduzierte sowohl Hyperaktivität und Reaktivität als auch den Beutetrieb im Vergleich zu einer Kastration vor dem siebten Monat (Zlotnick, 2019).

„Der hat sich gar nicht verändert"

Ich höre aber gerade förmlich die Aufschreie der Halter von früh kastrierten Hunden, deren Hunde sich trotzdem vermeintlich „ganz normal" entwickelt haben. Dennoch würde sicherlich keiner auf die Idee kommen, den eigenen Nachwuchs, wenn er mit Dreizehn in der Pubertät anstrengend wird, zu kastrieren, um dann mit Dreißig zu sagen „Das war eine super Entscheidung, er hat sich

Auch wenn der Übergang fließend ist, besteht ein großer Unterschied zwischen Junghunden und erwachsenen Hunden.

überhaupt nicht verändert!". Denn das Problem sind nicht die Veränderungen, die nun mal dazu gehören, sondern die Tatsache, dass sich in einer Lebensphase, die von Veränderungen und Entwicklungen lebt, dann nicht viel tut ...

Ein weiteres Problem ist, dass die Vergleichsgruppe fehlt, wir also gar nicht beurteilen können, wie sich der Hund ohne Kastration entwickelt hätte. Außerdem machen individuelle sowie Rasseunterschiede die Vergleichbarkeit sowieso schwierig, denn sicherlich hat auch ein früh kastrierter Herdenschutzhund mehr Standing und Ernsthaftigkeit als beispielsweise viele intakte Retriever oder Beagles.

Wir halten also fest: ohne Sexualhormone keine Pubertät, und ohne Pubertät wiederum keine vollständige Entwicklung, kein Erwachsenwerden! Das ist sicherlich kein Zustand, in dem ich meine Hunde gerne haben möchte, denn auch wenn ich vielleicht die ein oder andere Diskussion mit ihnen führen muss, die es ohne Pubertät nicht gäbe, liebe ich intakte, souveräne, erwachsene Hunde, die sich auch so verhalten dürfen. Und mit Frühkastraten spricht man dann halt über andere Themen, man diskutiert aber genauso. Versprochen!

Nicht zuletzt glaube ich nach wie vor, dass es gar nicht unbedingt die Dinge sind, die uns Grund zur Beunruhigung geben, sondern vielmehr unsere Sicht auf die Dinge. Vielleicht schafft es ja der eine oder andere Leser, sich nach all den

Informationen über die Pubertät und die tollen Fähigkeiten, die sich währenddessen entwickeln, einen Teil meiner Sicht auf die Dinge anzueignen: Es ist doch einfach großartig und spannend, die Entwicklung des eigenen Hundes beobachten und mit der nötigen Gelassenheit begleiten zu dürfen. In keiner anderen Lebensphase kann man den Einfluss der Hormone auf Körper und Geist so schön beobachten und nachvollziehen wie in der Pubertät. Wer nicht dafür brennt, dem ist nicht mehr zu helfen ...!
Das wird auch jeder Hundehalter bestätigen, der schon mal einen Hund durch die ersten Lebensjahre begleitet hat. Vor allem bei der Hündin kann man die Entwicklung ganz wunderbar beobachten und an den Läufigkeiten festmachen. Beim Rüden passiert natürlich genau dasselbe, nur dass es hier eben mehr ein kontinuierlicher Prozess ist, den man – aus Ermangelung an Läufigkeiten – eben nicht am Zyklus festmachen kann.

Wann ist der Spuk vorbei?

Das ist vermutlich für die Halter derzeit pubertierender Junghunde die relevanteste Frage. Natürlich gibt es auch hier individuelle und Rasseunterschiede – bei Kleinhunden setzt der Spuk nicht nur früher ein, sondern ist in der Regel auch früher beendet – aber prinzipiell kann man sagen, dass ungefähr mit der Beendigung der dritten Läufigkeit inklusive der Scheinträchtigkeit und Scheinmutterschaft das Gröbste überstanden ist. Das Gehirn ist jetzt weitgehend ausgereift, die Adoleszenz beendet. Beim Rüden ist es das Alter, in dem eine Hündin der entsprechenden Rasse/Größe die dritte Läufigkeit beendet hätte. Ich bin mir aber sicher, dass jeder, der seinen Hund und dessen Verhalten aufmerksam beobachtet, mitbekommt, wann der Gehirnumbau abgeschlossen ist und nicht mehr viel an weiterer Entwicklung passiert.

Nach Beendigung der Adoleszenz ist eine Kastration dann auch nicht mehr mit ganz so vielen Risiken behaftet – solange es nicht gute Gründe gibt, die im Einzelfall dagegensprechen. Und ich denke, dass drei Läufigkeiten beziehungsweise entsprechend pubertäres Verhalten durchaus für jeden Hundehalter zumutbar sind – sonst wäre unter Umständen das Stofftier mit dem Knopf im Ohr die bessere Wahl, denn da hat man all diese „Probleme" nicht, die zum Erwachsenwerden auch bei unseren Haushunden nun mal dazu gehören.

Es geht vorüber, versprochen!

“

Ein Tag im Leben mit zwei Pubertieren

Weil Hunde hier im Hause nach wie vor das sind, was passiert, während man andere Pläne macht, sind nach dem Tod meiner beiden alten Hunde sehr schnell zwei Jungspunde im Chihuahuakörper eingezogen (beziehungsweise „passiert"), die im Moment zusammen die Pubertät durchleben und offenbar einen gemeinsamen Plan haben, wie sie mich in den Wahnsinn treiben können. Aus gutem Grund würde ich auch prinzipiell jedem von zwei Hunden im selben Alter abraten. Aber was geht mich mein Geschwätz von gestern an …?

Ich sag mal so: Wer mein pubertierendes Kampfgeschwader unterm Tisch sitzen hat, braucht keine Feinde mehr! Die Rede ist von den Kleinstlebewesen Rowohlt (Chi) und Sprotte (Chi-Mix), die Anfang des Jahres hier eingezogen sind und meiner Erinnerung an die Pubertät von Hunden passend zum Schreiben dieses Kapitels noch mal auf die Sprünge helfen.

Während ich gerade nur mal kurz das Haus verlassen habe, um einkaufen zu gehen, haben sie das Wohnzimmer in ein Trümmerfeld verwandelt, auf der neuen Couch aus dem Brennholz Kleinholz gemacht (wie sich das für Kleinhunde gehört) und begrüßen mich jetzt – währenddessen fröhlich an beiden Enden der Fernbedienung kauend – freudig auf dem Tisch stehend. Ich stand erst mal einen Moment lang mit vor Erstaunen offenem Mund in der Türe, weil ich nicht für möglich gehalten hätte, dass zwei Mikroben von insgesamt knapp sieben Kilogramm so ein Chaos veranstalten können. Aber gut, Kleinvieh macht auch Mist. Während sie also begeistert über mein unerwartetes Wiederauftauchen um mich herum hüpfen, als hätten wir uns Jahre nicht gesehen, erlange ich die Fassung wieder und kann vor Begeisterung ebenfalls kaum an mich halten. Nicht. Und gleichzeitig muss ich so lachen, dass sich der Zwergstaat richtig gefeiert fühlt und mich direkt zur großen Sause einlädt. Aber ich habe Besseres zu tun, nämlich aufräumen. Während ich das tue, entdecken sie spontan ihre aufblühende Sexualität und ich muss Rowi, gemeinsam mit Sprotte noch mal erklären, dass „mindestens eine Armlänge Abstand" auch für kleinwüchsige Pubertiere gilt. Was hilft? Ablenkung und Auslastung – wir gehen raus!

Und draußen? Finden meine beiden wohl erzogenen und gut abrufbaren Junghunde – zumindest waren sie das bis vor wenigen Tagen – plötzlich alles spannender als mich. Damit, gegen einen vertrockneten Regenwurm anzustinken, muss ich erst mal fertig werden! Aber dafür bleibt keine Zeit, weil der kleine Mann sich über Nacht für die gesamte Meute verantwortlich fühlt und das Fremdhunden gegenüber mit lautstarken Platzverweisen kundtut. Auch entwickeln die Jungspunde erstmals sowas wie Territorialität. Der Strand von Sankt Peter Ording gehört jetzt dem kleinen Terroristen! Auch wenn er wegen all der kortikalen Umbauarbeiten vergessen hat, die Handtücher rauszulegen, lässt er daran keinen Zweifel. Bis gestern existierte in seiner Welt noch so was wie der gesittete Rückzug, heute ist das Geschichte, und der Kleinkriminelle im Chi gewinnt die Oberhand. Kleine Brötchen backen war mal.

Die Tatsache, dass er zum Einzug und zum Beginn der Pubertät drei eigene läufige Mädels bekommen hat, war der Gesamtsituation vermutlich auch nicht unbedingt zuträglich. Darüber, dass die Flucht nach vorne nicht unbedingt die beste Strategie ist, wenn man gerade mal vier Kilo auf die Waage bringt – der Rückwärtsgang ist derzeit ausgebaut – müssen wir auch noch mal reden, wenn ich das Kleinholz von der Couch geräumt, Sprotte die vertrocknete Blindschleiche abgejagt und Rowi erklärt habe, dass man mit Mädels erst mal einen Kaffee trinken geht, bevor man sie abschleppt ... Also alles ganz normal hier, willkommen in der Pubertät!

Die gute Nachricht dazu: Die Pubertät ist tatsächlich ein Lebensabschnittsgefährte und sie geht vorüber, auch wenn sich das im Einzelfall verdammt lange anfühlen mag. Und bis dahin versichere ich mir und den Hunden täglich, dass wir spätestens in einem Jahr – einer der Vorteile von kleinen Hunden – gemeinsam über alles lachen werden. Bis dahin verziehe ich mich alleine zum Lachen in den Keller (sobald ich die Fernbedienung gerettet habe), damit sie nicht mitbekommen, dass ich sie und all das Leben, das sie nach all den Jahren mit alten Hunden ins Haus bringen, heimlich feiere und eine ebenso diebische Freude daran habe wie die beiden Protagonisten dieses Lebens. Mögen sie weiterhin ordentlich pubertieren, während sie zusammen wachsen und zusammenwachsen. Ich freue mich, dass ich dabei sein und ihre Entwicklung beobachten darf!

Bis dahin muss man aber damit leben, dass jeder dahergelaufene Mauseschwanz mehr Attraktivität hat, als der Halter.

DAS HORMON-SYSTEM

Bevor wir uns konkret den Sexualhormonen zuwenden, zunächst ein paar allgemeine Anmerkungen zu Hormonen und ihren Funktionen, denn ohne Hormone würden sowohl wir als auch unsere Hunde ganz schön alt aussehen.

Das Hormonsystem ist neben dem Nerven- und Immunsystem eines der großen Systeme des Körpers, das für zahlreiche, wichtige Körperfunktionen zuständig ist. Es besteht aus den sogenannten endokrinen, also hormonproduzierenden Drüsen, den von ihnen produzierten Hormonen und ihren entsprechenden „Andockstellen" an den Zielzellen (Rezeptoren), ohne die sie keine Informationen übermitteln können.

Allgemeines zu Hormonen

Hormone sind Botenstoffe, die im gesamten Körper Aktivitäten anregen oder kontrollieren. Sie sind essenziell für die Informationsvermittlung und die Steuerung körperlicher Vorgänge, wie zum Beispiel von Stoffwechselprozessen, Wasser- und Elektrolythaushalt, Reifung, Wachstum oder Fortpflanzung.

Ein menschlicher Körper besteht aus circa 100 Billionen Zellen, die irgendwie miteinander kommunizieren müssen. Sonst weiß die rechte Hand – im wahrsten Sinne – nicht, was die linke tut oder das Gehirn hat keinen Plan, womit beispielsweise die Bauchspeicheldrüse gerade beschäftigt ist. Für diese Kommunikation gibt es mehrere Systeme. Eines davon ist das Nervensystem, bei dem Neurotransmitter über den synaptischen Spalt direkt Informationen zwischen den Zellen austauschen, ein anderes ist das Hormonsystem, bei dem Botenstoffe über das Blut auch zu weiter entfernten Organen im Körper transportiert werden, um dort an spezifischen Zielzellen ihre Wirkung zu entfalten.

Das Hormonsystem könnte man auch als Paketdienst des Körpers bezeichnen, der dafür sorgt, dass Pakete und Briefe mit wichtigen Informationen über die Blutbahn an den richtigen Empfänger ausgeliefert werden. Und wie im echten Leben gibt es auch hier DHL und Hermes, die ganz unterschiedlich arbeiten.

Hormone sind bei weitem nicht nur für den Schlafzimmerblick verantwortlich.

Was sind Hormone?

Hormone sind also chemische Botenstoffe, die dafür sorgen, dass die Organe und Zellen im Körper miteinander kommunizieren können – auch wenn sie weit voneinander entfernt liegen. Sie haben Einfluss auf das Wohlbefinden und Gefühle. Überdies sind sie maßgeblich am Verhalten beteiligt, genauso wie andersherum das Verhalten an der Hormonproduktion beteiligt ist.

Hormone werden in den endokrinen Drüsen gebildet, die sie dann an ihre unmittelbare Umgebung (Gewebshormone) oder in Blutgefäße, die sie zu den Zielzellen weitertransportieren, abgeben. Solche endokrinen Drüsen sind z. B. die Schilddrüse, die Bauchspeicheldrüse, die Nebennieren, die Eierstöcke oder die Hoden. Aber auch im Gehirn werden Hormone gebildet: im Hypothalamus, dem Zwischenhirn, und in der Hypophyse, der Hirnanhangsdrüse. Diese beiden Drüsen im Gehirn bilden dabei sogenannte Steuerhormone, die regeln, wie viele Hormone in den anderen, untergeordneten Drüsen gebildet werden.

Welche Hormone gibt es?

Man unterscheidet im Wesentlichen wasser- und fettlösliche Hormone. Zu den wasserlöslichen (hydrophilen) Hormonen gehören die Peptidhormone, die aus langen Ketten von Aminosäuren bestehen (wie zum Beispiel das Insulin), ebenso wie die Aminosäureabkömmlinge, zu denen die Katecholamine (u.a. Adrenalin, Noradrenalin) gehören. Da sie nicht fettlöslich sind, können sie die fetthaltige, äußere Zellmembran der Zielzelle nicht durchdringen. Die Tür ist zu. Sie lagern sich deshalb an spezifische Rezeptoren an der Zelloberfläche an. Dies verursacht im Zellinneren die Bildung eines sogenannten „zweiten Botenstoffs" (*second messenger*), der die Wirkung des Hormons durch die Verstärkung des Signals vermittelt und dadurch die gewünschte Änderung der Zellaktivität bewirkt. Das wäre dann quasi Hermes, die klingeln, um das Paket einfach vor die Tür zu stellen ohne abzuwarten, ob überhaupt jemand zu Hause ist. Bereits durch das Klingeln wird aber im Zellinneren eine Reaktion ausgelöst: Es entsteht ein Hormon-Rezeptor-Komplex, der wie ein Enzym wirkt und den Stoffwechsel direkt beeinflusst. Das Ganze ist ein vergleichsweise schneller Weg und entsprechend schnell wirken auch die wasserlöslichen Hormone.

Anders bei den fettlöslichen (lipophilen) Hormonen, wie zum Beispiel den Sexualhormonen, den Schilddrüsenhormonen oder dem Stresshormon Cortisol, die aus Cholesterin entstehen und dadurch die fetthaltige Zellmembran der Zielzelle durchdringen können. Die Türe steht ihnen offen. Im Inneren angekommen, lagern sie sich an einen spezifischen Hormonrezeptor im Zellinneren an. Es entsteht ein Hormon-Rezeptor-Komplex, der zum Zellkern wandert und dort direkt die Transkription verschiedener Gene positiv oder negativ beeinflusst, um dadurch die Produktion von Enzymen zu steuern. Das beeinflusst dann direkt – ohne *second messenger* – die Stoffwechselaktivität.

Das wäre dann DHL, die den Hintereingang kennen und nutzen, um das Paket mit den Infos direkt in der Küche auf dem Tisch abstellen. Das dauert etwas länger, funktioniert aber auch. Meist sogar besser als diverse andere Paketdienste …

Die meisten Hormone werden abgebaut, nachdem sie ihre Botschaft abgeliefert haben und die gewünschten Reaktionen in Gang gekommen sind. Das ist notwendig, damit keine Dauerreaktion stattfindet. Die Abbauprodukte der Hormone werden über die Leber oder die Nieren ausgeschieden. Bei Urinuntersuchungen kann man zum Beispiel auch die Hormonabbauprodukte bestimmen. Sie können Auskunft über den Hormonspiegel im Blut geben.

Organisierende und aktivierende Effekte

Hormone haben sowohl organisierende als auch aktivierende Wirkungen. Der organisierende Effekt bezeichnet die Tatsache, dass Hormone während der Entwicklung, oft bereits pränatal, die Differenzierung neuronaler Strukturen dahingehend steuern, dass sie auch späteres Verhalten dauerhaft beeinflussen, unabhängig von der dann akut vorliegenden Konzentration dieses Hormons. Auch die Morphologie, also bei den Sexualhormonen zum Beispiel die Ausbildung sekundärer Geschlechtsmerkmale, und die Physiologie werden nachhaltig und dauerhaft beeinflusst, was zum Beispiel dazu führt, dass Rüden ab einem gewissen Alter beginnen, das Bein

Spiel lässt nicht nur Hunde, sondern auch Hormone tanzen.

beim Pinkeln zu heben, selbst wenn sie früh kastriert wurden. Aktivierende Effekte sind hingegen eher kurzfristige Wirkungen von Hormonen. So wird beispielsweise das Sexualverhalten von Rüden gesteuert, wenn sie Kontakt zu einer brünstigen Hündin haben.

Streng hierarchisch?

Im Gegensatz zu Hunden leben die meisten Hormone streng hierarchisch und es gibt verschiedene Hormonebenen und Regelkreise, die das Hormonsystem im Gleichgewicht halten und an die aktuellen Bedürfnisse anpassen, solange keine Störung vorliegt oder man ihre Produktionsstätten mit dem Skalpell entfernt.

Zu den Hormonen, die einer strengen Hierarchie unterliegen, gehören die fettlöslichen Hormone, also auch die Sexualhormone. Hier wird im Gehirn, genauer gesagt im Hypothalamus, ein sogenanntes Releasing Hormon (Gonadotropin-Releasing-Hormon, GnRH) gebildet, das dann auf die Hypophyse wirkt, die wiederum unter dem Einfluss des GnRH weitere Hormone bildet, nämlich die Gonadotropine, also das follikelstimulierende Hormon (FSH) und das Luteinisierungshormon (LH). Diese wirken dann über das Blut auf die Eierstöcke und Hoden, die wiederum unter dem Einfluss der Gonadotropine Östrogen/Progesteron oder Testosteron produzieren.

Regelkreis Sexualhormone

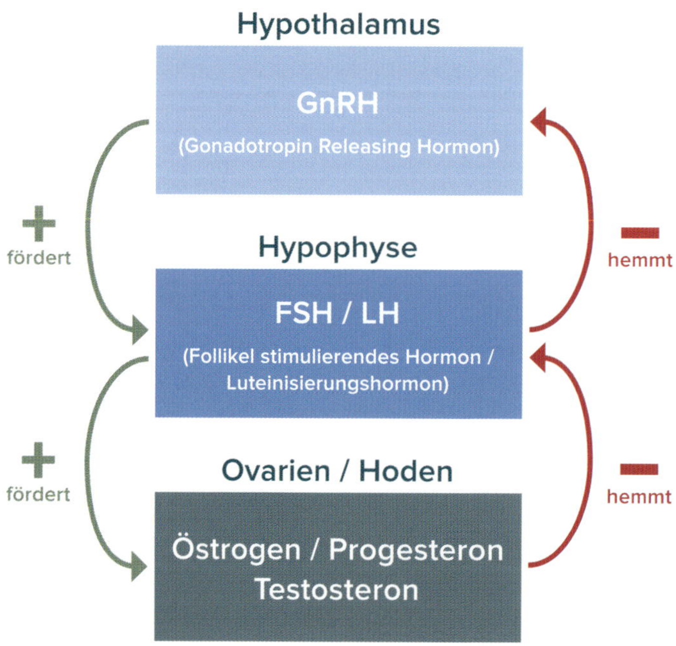

Ist zu viel Östrogen/Progesteron oder Testosteron vorhanden, kommt es zur sogenannten negativen Rückkoppelung und es werden in der Hypophyse das FSH/LH und im Hypothalamus GnRH reduziert, bis der gemessene Ist-Wert an Sexualhormonen wieder dem Sollwert entspricht.
Weiteres zur konkreten Funktion der Sexualhormone gibt es dann im nächsten Kapitel.

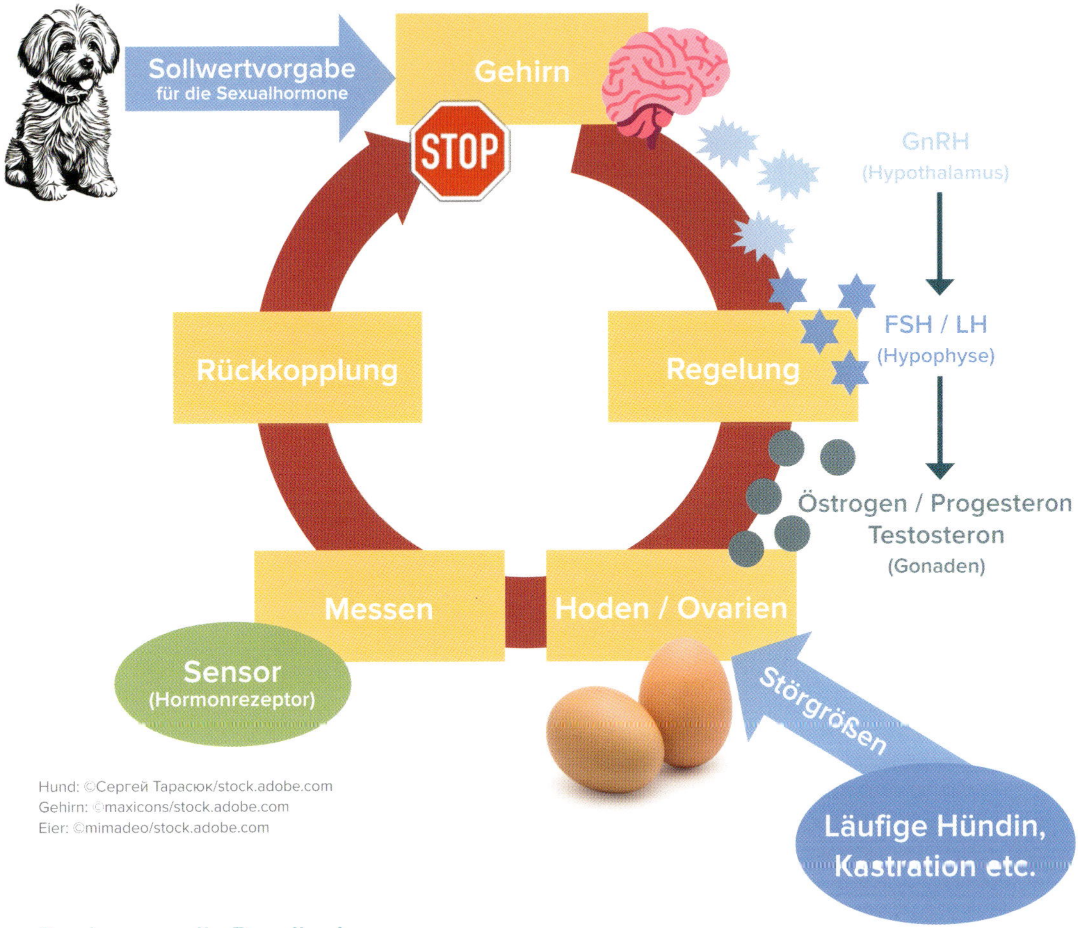

Hund: ©Сергей Тарасюк/stock.adobe.com
Gehirn: ©maxicons/stock.adobe.com
Eier: ©mimadeo/stock.adobe.com

Der hormonelle Regelkreis:
Analog zur Heizung gibt es auch beim Hund eine Sollwertvorgabe für Bereiche, innerhalb derer sich die Hormone befinden sollen (Referenzbereich). Der Regler ist hier das Gehirn, das über die Ausschüttung von GnRH und der Gonadotropine FSH und LH den Spiegel der Sexualhormone bestimmt. Fällt dieser ab, liegt also Testosteron oder Östrogen unter dem Sollwert, wird auch hier hoch reguliert, indem mehr GnRH und in Folge auch mehr FSH und LH produziert werden, was die Produktion der Sexualhormone ankurbelt. Ist andersrum die Konzentration der Sexualhormone zu hoch, wird weniger GnRH, und dadurch auch FSH und LH gebildet – die Konzentration der Sexualhormone fällt ab, bis der Istwert wieder dem Sollwert entspricht. Wie praktisch! Wir müssen uns also um die Regulation unserer Hormone keine Gedanken machen, solange kein Fehler im System vorliegt. Anders nach einer Kastration, bei der dem Hund quasi die Heizkörper entfernt werden, was das gesamte System zum Absturz bringt.

LOVE IS IN THE AIR

Mit dem Start der Pubertät beginnen Hunde, sich für das andere Geschlecht zu interessieren und bei der Hündin setzt erstmals der Zyklus ein, der sich von da an bis an ihr Lebensende regelmäßig wiederholt.

Sich als Halter gut auszukennen, ist nicht nur eine Voraussetzung, um unerwünschten Nachwuchs zu verhindern, sondern auch, um den eigenen Hund und sein Verhalten besser verstehen und einordnen zu können. Zudem hilft es, Anomalien frühzeitig zu erkennen und dadurch sexualhormonabhängigen Erkrankungen vorzubeugen.

Schematische Darstellung des Zyklus:

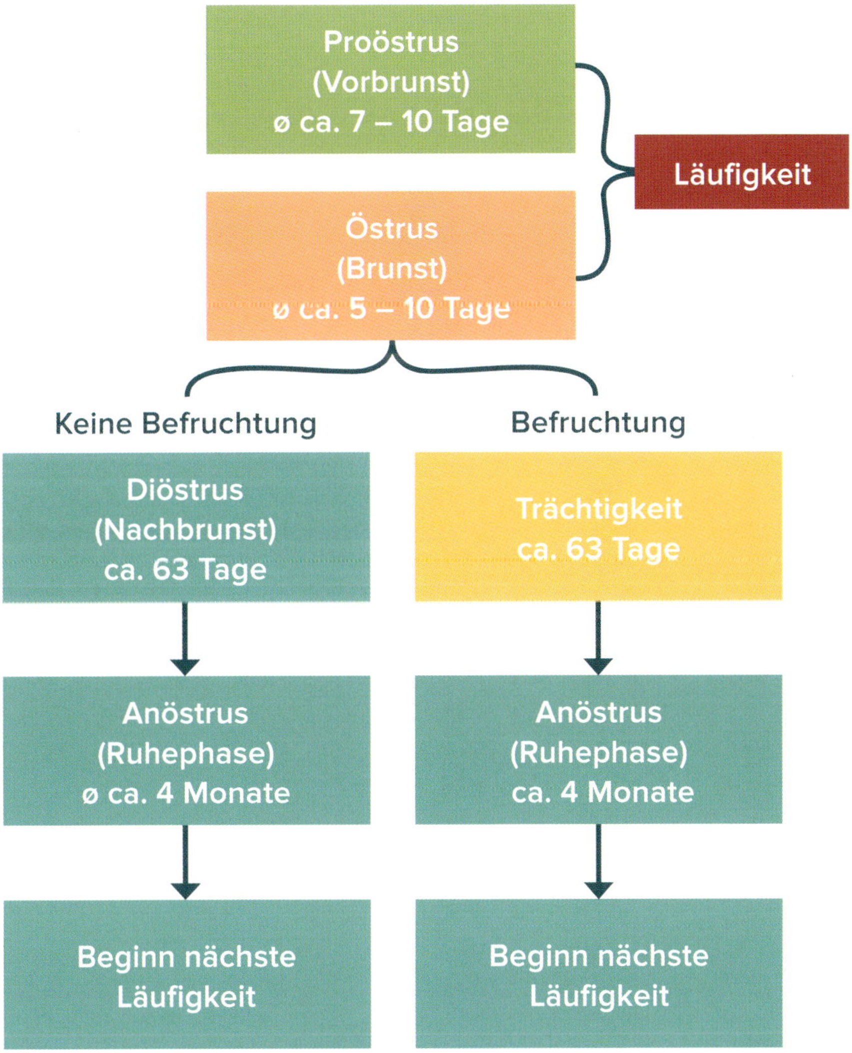

Der Zyklus der Hündin

Die Läufigkeit einer Hündin setzt sich aus den zwei Zyklusphasen des Proöstrus (Vorläufigkeit) und des Östrus (fruchtbare Tage) zusammen. Wer seine Hündin genau beobachtet, nimmt unter Umständen aber bereits ein bis drei Wochen bevor die ersten Läufigkeitserscheinungen (Schwellung, Blutung) sichtbar werden, eine Veränderung wahr, den sogenannten Prä-Proöstrus. Denn bereits jetzt wird im Gehirn im Hypothalamus GnRH (Gonadotropin-Releasing-Hormon) gebildet, das seinerseits in der Hypophyse zur Freisetzung der Gonadotropine, also des follikelstimulierenden Hormons (FSH) und des luteinisierenden Hormons (LH), führt. Erfahrene Rüden wissen ab diesem Moment, dass „etwas im Busch ist" – sie sind interessierter, offener und spielfreudiger. Sie packen bereits jetzt ihren gesamten Charme aus, könnte man sagen. Aber auch die Hündin verändert sich schon jetzt und beginnt, vermehrt zu schnüffeln und zu markieren. Man möchte ja auffallen. Der Gehorsam lässt oft bereits in dieser Phase zu wünschen übrig, der Radius wird größer, die Aufmerksamkeit in Bezug auf den Menschen dafür kleiner.
Das in der Hypophyse produzierte FSH führt auf den Eierstöcken zu einem Wachstum der Follikel (Eizellen), die zunehmend das weibliche Sexualhormon Östrogen produzieren. Sichtbar wird das durch eine vergrößerte Vulva, das vermehrte Belecken selbiger durch die Hündin, und letztendlich durch die Blutung, die dann den Beginn des Proöstrus signalisiert.

Flirten nach Hundeart

Die Vorläufigkeit (Proöstrus)

Als Proöstrus wird der Zeitraum zwischen dem ersten sichtbaren Austreten von blutigem Sekret aus der Vulva und dem Einsetzen der Paarungsbereitschaft bezeichnet.

Dauer:
Im Durchschnitt sieben bis zehn Tage (drei bis 21 Tage)

Hormone:
Die auf den Eierstöcken heranwachsenden Follikel (Eibläschen) produzieren zunehmend das weibliche Sexualhormon Östrogen. Gegen Ende des Proöstrus werden entsprechend die höchsten Östrogenwerte erreicht, die dann wiederum zu einem Anstieg des LHs aus der Hypophyse (Hirnanhangdrüse) führen, das im Östrus zusammen mit FSH den Eisprung (Ovulation) vorbereitet.

Körperliche Veränderungen:
Die Vulva ist stark ödematisiert, also geschwollen. Die Hündin beginnt zu bluten. Anfangs ist der Ausfluss deutlich rot gefärbt, mit zunehmender Dauer wird er heller und verändert sich Richtung „fleischwasserfarben“. Die Stärke der Blutung ist dabei sehr individuell: Bei manchen Hündinnen bemerkt man fast gar nichts, bei anderen sind die Wände nach dem Schütteln rot gesprenkelt.

Im Gegensatz zur Frau, bei der eine sogenannte Abbruchblutung stattfindet, blutet die Hündin bereits vor dem Eisprung. Die Hormone sorgen hier dafür, dass die Gebärmutterschleimhaut aufgebaut wird. Dabei wird sie so stark durchblutet und porös, dass Blut austritt. Wird die Hündin nicht befruchtet, bildet sich die Schleimhaut nach der Ovulation ohne Blutung langsam wieder zurück. Die Blutung einer Hündin hat also wenig Gemeinsamkeiten mit der Blutung einer Frau, sondern einen ganz anderen Ursprung und eine andere Funktion.

Im Proöstrus kommt es zur deutlichen Schwellung der äußeren Scham.

Höschen oder kein Höschen? – Das ist hier die Frage

Die Stärke der Läufigkeitsblutung kann von Hündin zu Hündin stark variieren, gemein ist aber allen Hündinnen, dass der Ausfluss anfangs dunkel und blutig ist, mit zunehmender Dauer aber zunehmend heller und wässriger („fleischwasserfarben") wird.

In den ersten Läufigkeiten muss auch die Hündin erst mal lernen, mit „all dem Hormonkram" zurechtzukommen. Die meisten Hündinnen lernen das aber ziemlich schnell und man findet oft so gut wie keine Blutflecken. Daneben gibt es aber auch echte „Ferkel" unter den Mädels, die vergleichsweise stark bluten und es mit dem Reinemachen nicht so genau nehmen.

Ich würde also immer dafür plädieren, es – wenn aus hygienischen Gründen möglich – zunächst ohne Höschen zu versuchen, weil die Hündin nur so lernen kann, sich eigenständig sauber zu halten. Etwas anderes ist das aber sicherlich in einem Hotelzimmer, bei einem Restaurantbesuch, einer Bahnfahrt etc.

So eine Läufigkeitshose ist aber nicht unbedingt hygienisch und stellt ein Paradies für Keime dar. Außerdem haben manche Hündinnen Probleme mit dem „Fremdkörper", den sie plötzlich tragen sollen. Sollte man sich also für ein Höschen entscheiden oder es in bestimmten Situationen nötig sein, muss die Hündin vorher an das Tragen gewöhnt und das Höschen unbedingt täglich gewaschen werden. Aber Achtung: Ein Höschen ist kein „Verhüterli" und kann einen erfolgreichen Deckakt nicht verhindern!

Die Lösung? „Saubermachen!" ist Trumpf

Eines der – sogar geschlechtsübergreifend – nützlichsten Kommandos hier ist das „Saubermachen!", denn sowohl die Läufigkeiten der Hündinnen als auch der Vorhautkatarrh (auch Schniepelschnupfen genannt) des Rüden ziehen unter Umständen unangenehme Flecken auf Teppichboden, Couch oder sonstwo nach sich, die sich einzig und alleine durch die Farbe unterscheiden. Während es bei der Hündin Rottöne sind, entscheidet sich der Rüde für ein männliches Gelb-Grün. Was liegt also näher, als den Verursacher oder die Verursacherin zur Ordnung aufzurufen und zum regelmäßigen Putzen anzuhalten? Auch bei den beiden Jungspunden etabliere ich derzeit das Kommando, indem ich sie durch Zeigen auf Verunreinigungen aufmerksam mache und das Abschlecken benenne und bestätige. Hier wird also auf Kommando präventiv saubergemacht, bevor es tropft. Alternativ könnte ganz pragmatisch auch ein schöner bordeauxroter Teppichboden oder eine gelb-grüne Couch helfen ...

Verhalten:
Die Hündin wird unter dem Östrogeneinfluss deutlich aktiver und unruhiger, was durch zahlreiche andere vom Östrogen beeinflusste Botenstoffe verursacht wird, denn ein Hormon- und Botenstoffsystem funktioniert wie ein großes Zahnradgebilde mit ganz unterschiedlichen Zahnrädern, die alle ineinandergreifen. Die Wirkung eines Hormons isoliert zu beurteilen ist kaum möglich, denn man dreht an einer Stelle an einer ganz kleinen Schraube, und irgendwie verstellt sich alles.

So auch beim Östrogen, das den wichtigsten beruhigenden Botenstoff GABA (Gammaaminobuttersäure) hemmt, und dafür alles, was anregt, in die Höhe schießen lässt.

Das sind dann in dem Fall das Serotonin, welches oft als „Glückshormon" bezeichnet wird, obwohl es gar kein Hormon, sondern ein Neurotransmitter ist, das aber mehr für Zufriedenheit und Angsthemmung sorgt, die euphorisierende „Selbstbelohnungsdroge" Dopamin (die gar keine Belohnung, sondern nur das

Das Markieren wird jetzt auch für die Hündin zunehmend wichtiger.

Versprechen auf eine Belohnung vermittelt, die dann durch Endorphine realisiert wird), das Noradrenalin, das antreibend wirkt und die körperliche Aktivität und Stimmung anhebt, sowie Glutamat, den Gegenspieler von GABA und wichtigsten erregenden Botenstoff des Gehirns, der das Denken anregt und Konzentration und Gedächtnis aktiviert.

Insgesamt führt Östrogen also zu einem sehr angeknipsten und aktiven Verhalten. Man könnte auch sagen, Östrogen macht Bordsteinschwalben. Allerdings wird sich die Hündin vom Rüden im Proöstrus noch nicht besteigen lassen, sondern zeigt trotz des Balzverhaltens Abwehrschnappen aufdringlichen Rüden gegenüber. Erfahrene, intakte Rüden würden es allerdings in dieser Phase sowieso noch nicht versuchen, weil sie wissen, dass das die reine Energieverschwendung ist, solange die Hündin nicht steht. Denn das Ziel ist ja nach wie vor die Fortpflanzung und die Weitergabe der eigenen Gene.

Auch zeigt die Hündin jetzt vermehrtes Interesse am Urin intakter Rüden, ein ausgeprägtes Markierverhalten, und ist ziemlich eindeutig auf der Suche nach dem passenden Vater für den eigenen Nachwuchs. Hat sie einen potenziell interessanten Kandidaten gefunden, fackelt sie nicht lange, sondern umgarnt ihn zunehmend. In der Regel ist das Erste, woran man merkt, dass „es wieder so weit ist" ein sehr ausgeprägtes Spielverhalten, das rein biologisch dazu dient, den Rüden auf Herz und Nieren (und Hoden) zu testen. Dasselbe gilt für den Auserwählten, denn sowohl Rüde als auch Hündin wissen intuitiv, dass nur junge, gesunde und stressfreie Tiere spielen, also die, deren Gene man auch tatsächlich gerne für den eigenen Nachwuchs hätte.

Der Duft der großen, weiten (Damen-)Welt

Der ansteigende Östrogenspiegel ist auch für die zunehmende Attraktivität der Hündin für Rüden verantwortlich, denn er führt dazu, dass die Hündin entsprechende Duftstoffe produziert, die als wichtige Kommunikationssignale von Kaniden für Rüden auch über weitere Entfernungen wahrnehmbar sind.
Intakte und sexuell erfahrene Rüden verbringen deutlich mehr Zeit damit, den Urin und die Vaginalsekrete einer Hündin im Proöstrus/Östrus olfaktorisch zu untersuchen als den Urin einer Hündin im Anöstrus, den Urin eines Rüden oder die Vaginalsekrete oder den Geruch des Analbereichs einer kastrierten Hündin.
Vor allem Methyl-p-Hydroxybenzoat, aber auch Methylpropylsulfid, Methylbutylsulfid und Aceton sind hier die entscheidenden Verbindungen, die während des Proöstrus und Östrus eine höhere Konzentration aufweisen als während des Diöstrus oder Anöstrus. Den Geruch nehmen nur Rüden wahr, diese dafür umso mehr.

Manchmal sind es aber nicht nur läufige Hündinnen, die zur olfaktorischen Marilyn

Monroe mutieren, sondern auch Hündinnen in anderen Zyklusphasen, anöstrische oder kastrierte Hündinnen oder sogar (kastrierte) Rüden. Dafür kann es unterschiedliche Gründe geben, wie zum Beispiel bei der Hündin Entzündungen des Urogenitaltrakts, also der Blase, der Vagina oder der Gebärmutter. Ebenso können volle oder entzündete Analdrüsen die Attraktivität und damit Zudringlichkeit anderer Hunde steigern. Auch ein Hyperöstrogenismus, etwa durch einen Hodentumor, einen Ovartumor oder eine Zyste, in seltenen Fällen auch durch einen Nebennierenrindentumor oder die Behandlung mit östrogenhaltigen Salben (siehe „Sonderform Hyperöstrogenismus), kann hierfür ursächlich sein. Vor allem, wenn sich die Attraktivität für andere Hunde plötzlich ändert, sollte der Hund daher zunächst einem Tierarzt vorgestellt und medizinisch abgeklärt werden.

Wenn andere Ursachen ausgeschlossen sind, kann man versuchen, den Geruch für Rüden durch die Gabe von Obstessig oder Chlorophylltabletten etwas abzuschwächen, die Erfahrungen dazu sind allerdings sehr unterschiedlich. Da diese Hausmittelchen aber keinen Einfluss auf die hormonellen Abläufe haben, gilt an dieser Stelle „Versuch macht kluch“.

Meiers Geruchskino – heute steht ein Liebesfilm auf dem Programm.

Gegenseitige Rücksichtnahme ist Trumpf

Eigentlich sollte das eine Selbstverständlichkeit sein, aber aus Erfahrung weiß ich leider, dass dem oft nicht so ist. Oft genug wird, wie bereits erwähnt, von mir erwartet, nachts um drei mit meinen läufigen Hündinnen in den Wald zu fahren, um ja keinen armen Rüdenbesitzer zu behelligen. Natürlich bin ich prinzipiell(!) mit meinen Hunden nicht auf „Hundewiesen" anzutreffen, in den Läufigkeiten schon mal gar nicht, und ich meide Zeiten, an denen Hinz und Kunz und Testos und Teron unterwegs sind. Ich wohne mitten in der Pampa und im Schnitt treffen wir hier circa fünf Fremdhunde im Jahr, die dafür alle in den Läufigkeiten und natürlich ohne dass dazugehörige Halter weit und breit zu sehen sind.

Meine Hündinnen sind selbstverständlich an der Leine oder zuverlässig abrufbar, und ich habe zudem das Glück, sie zur Not auf den Arm und aus der Schusslinie nehmen zu können – ein Vorteil, den ein Neufundländerhalter eher nicht hat.

Außerdem bin ich inzwischen sehr geübt im vehementen Abwehren von Rüden (und habe hier auch einen entsprechenden Ruf), stoße allerdings trotzdem oft an

Interessierte Rüden, die dennoch alle problemlos abrufbar waren.

meine Grenzen. Spätestens wenn mir nur noch bleibt, die Hündin auf den Arm zu nehmen, um einen Deckakt zu verhindern, materialisiert sich der Halter der „Gegenseite“ gefühlt aus dem Nichts vor mir und ich bekomme eine Standpauke, dass man mit läufigen Hündinnen gefälligst zu Hause zu bleiben oder alternativ eben nachts um drei in den Wald zu fahren hat, meist noch mit dem freundlichen Hinweis verbunden, dass Hunde auf Armen nichts zu suchen haben. Doch, haben sie, wenn man weder penetrante Rüden, ungefragte Analkontrollen bis in die Maulhöhle noch ungeplanten Nachwuchs haben möchte!

Am schönsten war die neulich gehörte Ansage, dass ich schuld sei, dass der arme Mann jetzt seinen armen Rüden kastrieren lassen muss. Wohlgemerkt: Meine Hündinnen waren alle bei mir, der Rüde kam ohne Besitzer übers Feld geprescht. Ein Schuh, den ich mir an dieser Stelle nicht anziehe, weil er nicht passt!

Dabei könnte das Leben mit intakten Hunden tatsächlich so einfach sein, wenn jeder auf seinen Hund achten und ein bisschen Rücksicht nehmen würde. Was ist so schwer daran, in den Läufigkeiten auf viel frequentierte Strecken und Zeiten zu verzichten, die Hündin an die Leine zu nehmen und sie auch nicht überallhin markieren zu lassen? Und was ist so schwer daran, seinen Rüden so zu erziehen oder unter Kontrolle zu halten, dass er keine anderen Hunde belästigt? Wenn sich beide Seiten ein bisschen in das Gegenüber und seine Probleme hineinversetzen würden, wäre das Leben mit intakten Hunden wesentlich einfacher.

Willkommen in den Stehtagen! Die Hündin nimmt die Rute zur Seite und signalisiert Deckbereitschaft.

Die Läufigkeit (Östrus)

So wird die Phase der tatsächlichen Paarungsbereitschaft genannt, die sogenannten Stehtage. Im Östrus kommt es zum Eisprung (Ovulation) sowie zur Bildung der Gelbkörper, die zur Aufrechterhaltung einer Trächtigkeit notwendig sind.

Dauer:
Im Durchschnitt sieben bis zehn Tage

Hormone:
Mit den Höchstwerten an Östrogen zum Ende des Proöstrus wird von der Hypophyse, der Hirnanhangsdrüse, ein weiteres Hormon, das Luteinisierungshormon (LH) freigesetzt. Zusammen mit dem follikelstimulierenden Hormon (FSH) bereitet es den Eisprung vor. Bei der Mehrzahl der Hündinnen setzt mit der Freisetzung von LH und FSH die Phase der Paarungsbereitschaft (Östrus) ein. Zwei Tage später kommt es zum Eisprung. Innerhalb von 12 bis 24 Stunden werden dann die Eizellen (Follikel) freigesetzt.

Jetzt beginnt die Wanderung durch den Eileiter. Dabei reifen die Follikel und erlangen zwei bis drei Tage nach der Ovulation ihre Befruchtungsfähigkeit. Nach wie vor sind auch die durch das Östrogen beeinflussten anderen Botenstoffe erhöht, die Hündin ist also immer noch deutlich aktiviert und zeigt das weiterhin durch ihr Verhalten.

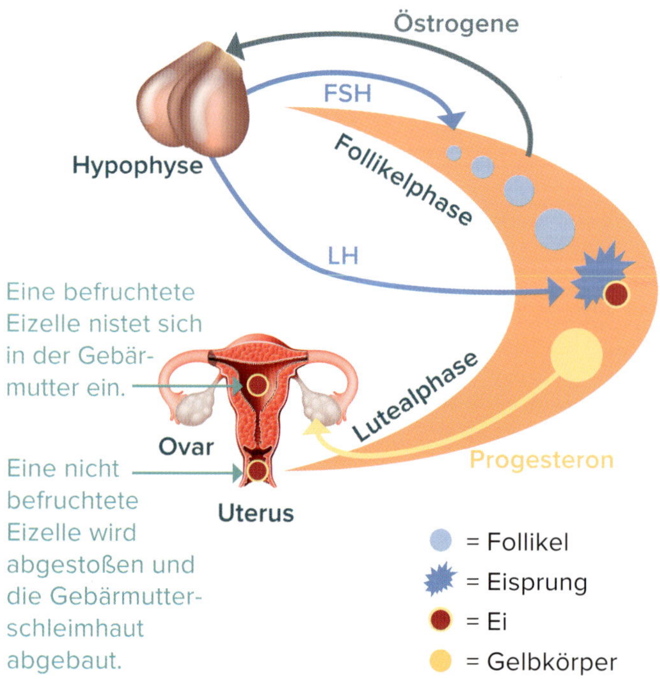

FSH initiiert die Follikelreifung auf den Ovarien.

Der Follikel produziert Östrogene.

Hohe Östrogenkonzentrationen im Blut bewirken die Ausschüttung von LH. Ab einer bestimmten Höhe löst LH dann die Ovulation aus.

Aus der Follikelhülle entwickelt sich unter dem Einfluss von LH der Gelbkörper, der fortan Progesteron produziert.

Die Eizelle wandert durch den Eileiter in die Gebärmutter.

Hypophyse: ©reineg/stock.adobe.com; Uterus: ©fixer00/stock.adobe.com

Körperliche Veränderungen:
Durch den Progesteroneinfluss nimmt die Schwellung der Genitalschleimhaut ab; die Vulva ist nun nicht mehr extrem prall, sondern wieder etwas kleiner und weicher. Auch die Blutgefäße der Gebärmutter werden wieder abgedichtet, der Ausfluss lässt nach und wird klarer. Dennoch sind Gesäuge und Vulva größer als bei der Hündin im Anöstrus.

Der Östrus. Die Scham ist immer noch geschwollen, der Brunstschleim klar.

Verhalten:
Wer im Proöstrus dachte, schlimmer kann es nicht mehr kommen, wird nun schnell eines Besseren belehrt. Daran, was das Ziel der Hündin ist, nämlich die Weitergabe der eigenen Gene, besteht jetzt kein Zweifel mehr! Sie ist in den „Stehtagen" und signalisiert deutlich ihre Paarungsbereitschaft, indem sie dem Rüden immer wieder ihr Hinterteil präsentiert und bei Berührungen an der Schwanzwurzel den sogenannten Duldungsreflex zeigt, also stehen bleibt, die Beine breit macht und die Rute zur Seite nimmt.

Viele Hündinnen sind in diesem Zeitraum unruhiger als gewöhnlich, fiepen, sind extrem anhänglich und suchen nach einem Partner. Sie besteigen jetzt auch den Rüden, um eindeutige Avancen zu machen. Das Interesse an der Nahrungsaufnahme nimmt ab, das Interesse an männlichen Anal- und Uringerüchen nimmt zu. Auch der Rüde markiert jetzt verstärkt über den Urin der läufigen Hündin und selbst als Beagle hat Mann in dieser Zeit andere Interessen als das Fressen oder Jagen.

Achtung! In Mehrhundehaltungen synchronisieren die Hündinnen in der Regel ihr Zyklusgeschehen, was zwar praktisch ist (wären sie das ganze Jahr über verteilt läufig, gäbe es vermutlich keine intakte Mehrhündinnenhaltung mehr!), aber durch die Konkurrenzsituation zu Problemen führen kann. Denn der Proöstrus/Östrus ist erfahrungsgemäß die Zyklusphase, in der es zwischen Hündinnen am häufigsten nachhaltig scheppert, vor allem wenn ein intakter Rüde anwesend ist. Denn so nett und reizend sie zum Rüden ihres Herzens sind, so zickig sind sie zu weiblicher Konkurrenz. Es gibt also keinesfalls nur die sprichwörtliche Stutenbissigkeit, sondern auch eine Hündinnenbissigkeit. Auch hier im Hause verändert sich die Stimmung zwischen den Mädels in diesen Zyklusphasen und es braucht deutlich mehr Moderation und Regulation im Zusammenleben.

Der Deckakt und das „Hängen“

Während er den Deckakt vollzieht, trippelt der Rüde mit den Hinterpfoten tänzelnd auf dem Boden herum. Zunächst ist der Penis des Rüden nur teilweise erigiert, damit er ihn besser einführen kann. Hat das geklappt, kommt es zur vollständigen Erektion, bei der sich die Schwellkörper an der Penisbasis des Rüden voll entfalten. (Anmerkung aufgrund zahlreicher Erfahrungen in der Praxis: Nein, deutlich sichtbare Schwellkörper sind keine plötzlich gewachsenen Tumore!) Gleichzeitig schwellen die Venenpolster in der Scheide der Hündin an, was zum sogenannten Hängen führt. Jetzt gibt es kein Entkommen mehr, die Hunde sind fest miteinander verbunden. Sobald beide fest aneinander hängen, steigt der Rüde seitlich von der Hündin ab und dreht sich mit dem Hintern zu ihr. Die Tiere sind weiterhin miteinander verbunden. Der Deckakt ist erst beendet, wenn Penis und Venenpolster in der Vagina der Hündin wieder abschwellen und die Hunde sich voneinander lösen können. Das Hängen dauert durchschnittlich etwa 15 Minuten, manchmal ist es aber auch bereits nach ein paar Minuten vorbei. In Ausnahmefällen kann es auch deutlich länger dauern.

Achtung: wenn Hunde hängen, ist es zu spät, etwas dagegen zu unternehmen. Jeder Versuch, sie zu trennen, birgt ein hohes Verletzungsrisiko! Jetzt kann man nur noch abwarten und Panik unter den Hunden verhindern, denn gerade junge und unerfahrene Hündinnen (und auch manche Rüden) neigen dazu, wenn sie

Foto: Nicole Schraps, Kathrin Wimmer

Eine Besonderheit der Kaniden ist das sogenannte Hängen nach dem Deckakt.

plötzlich so einen „anhänglichen" Verehrer haben. Nun ist es eh zu spät und es bleibt nur noch, die Hunde zu fixieren und zu beruhigen, bis sie sich von alleine wieder voneinander lösen.

Aber wozu das Ganze? Das Hängen während des Deckakts dient dazu, die Wahrscheinlichkeit einer Befruchtung zu erhöhen, indem es einerseits verhindert, dass ein Teil des Spermas nach dem Deckakt einfach wieder aus der Scheide der Hündin herausfließt, und zum anderen sorgt es dafür, dass die Samenzellen tiefer in die Gebärmutter hineingelangen und so größere Chancen haben, tatsächlich eine Eizelle zu befruchten. Zusätzlich verhindert es, dass direkt danach der nächste Interessent kommen und den Erfolg zunichtemachen kann.

Der Rüde gibt während des Deckakts drei verschiedene Flüssigkeiten von sich:
Das Vorsekret: Diese wässrige Flüssigkeit wird teilweise schon vor dem Deckakt abgesondert, ansonsten zwischen dem Aufreiten und dem Eindringen. Es enthält kaum Spermien.
Das Ejakulat: Sobald der Penis des Rüden vollständig in die Scheide der Hündin eingedrungen und erigiert ist, spritzt er das spermienreiche Ejakulat ab.
Das Prostatasekret: Während des Hängens – kurz vor dem Ende des Deckakts – folgt noch das Prostatasekret des Rüden. Es enthält zwar kaum oder keine Spermien, dient aber dazu, die Samenzellen aus dem Ejakulat tiefer die Gebärmutter der Hündin zu spülen.

Aber Achtung: Für einen erfolgreichen Deckakt ist das Hängen keine Bedingung, auch wenn es die Chancen erhöht. Es gibt genug Würfe, die entstanden sind, ohne dass die Hunde aneinander hingen. Wenn Zweifel über eine eventuelle Trächtigkeit bestehen, sollte man die Hündin ab dem 21. Tag per Ultraschall untersuchen lassen, um Klarheit zu bekommen und gegebenenfalls aktiv werden zu können.

Foto: Madlen Wischniowski

Jetzt ist es zu spät! Der Versuch, hängende Hunde zu trennen, birgt ein hohes Verletzungsrisiko.

Einmal Welpen?

Ich bin überzeugt davon, dass es deutlich mehr Welpen von Haltern gibt, die ganz bewusst gerne mal einen Wurf von ihrer Hündin aufwachsen sehen würden, als es echte „Ups-Würfe“ gibt, und leider bin ich genauso überzeugt davon, dass es dann noch viel schwieriger ist, aufzuklären.

So süß Welpen sind, so viel Arbeit machen sie auch.

Aber man sollte sich gut überlegen, was mit einem Wurf Welpen auf einen zukommt! Welpen kompetent aufzuziehen, kostet nicht nur richtig viel Geld, sondern noch mehr Nerven. Außerdem birgt jede Trächtigkeit auch für die Hündin ein Risiko. Der Halter sollte jede Menge Fachwissen über die Trächtigkeit, Geburt und Aufzucht mitbringen, und denselben Aufwand betreiben, den ich auch von einem guten Züchter erwarte. Dazu gehört auch das Wissen über und die Abklärung von spezifischen rassetypischen Erkrankungen, und zwar beim Rüden wie bei der Hündin. Entgegen landläufiger Meinung schützt eine Trächtigkeit auch nicht vor ausgeprägten Scheinträchtigkeiten oder Mammatumoren, bringt für die Hündin also keinen Vorteil. Und was ein Kaiserschnitt im Notdienst laut der neuen Gebührenordnung kostet, will man vermutlich gar nicht wissen, ganz abgesehen vom Risiko für Leib und Leben bei Hündin und Welpen.

Und wenn es doch passiert?

Menschen machen Fehler, Hunde sind erfinderisch, und die Weitergabe der eigenen Gene ist der Sinn des Lebens. So passiert es eben doch immer wieder: ein ungeplanter Wurf entsteht – manchmal trotz aller Sorgfalt, denn keiner ist unfehlbar.

Neben mir sitzt auch so ein „Ups“: Rita-Line, der Beagle-Terrier-Mix und ohne Frage ein großartiger Hund, den ich natürlich keinesfalls missen möchte. Ich bin froh, dass es sie gibt und dass sie hier gelandet ist. Und Rita hatte Glück, auch schon bevor sie Teil der Strodtbeck-Meute wurde, denn sie wurde, obwohl der Wurf nicht geplant war, kompetent und mit dem nötigen Wissen aufgezogen, hatte also eine „gute Kinderstube“.

Bei vielen Ups-Würfen sieht das aber ganz anders aus und die Halter merken zum Teil erst, dass die Hündin tatsächlich gedeckt wurde, wenn sie in der Geburt liegt. Das bedeutet, dass die Hündin in der Trächtigkeit kein für sie und die Welpen bedarfsdeckendes Futter bekommen hat, dass es bei Geburtskomplikationen aufgrund von Unwissenheit des normalen Ablaufs zu großen Dramen mit Lebensgefahr für Hündin und Welpen kommen kann, und dass oft das Wissen um die Entwicklung von Hunden und um wichtige Lebensphasen nicht vorhanden ist. Das alles führt dazu, dass Welpen keineswegs optimal aufwachsen,, wie es für gute Alltagsbegleiter wünschenswert wäre. Eine Trächtigkeit gut zu begleiten und einen Wurf optimal aufzuziehen, fordert sehr viel Fachwissen, Nerven und auch Kosten!

So süß Welpen sind, so anstrengend sind sie auch. Anfangs mag das noch gehen, aber wenn der süße 15er-Wurf dann nicht mehr nur die Wurfkiste belagert, sondern lieber den ganzen Haushalt auf den Kopf stellt, kein Paar Schuhe mehr vor den Welpen sicher ist, und sie selbstverständlich noch nicht stubenrein sind, gerät man schnell an seine Grenzen. Davon, dass man manchmal so einen Wurf mit der Flasche aufziehen muss, weil die Hündin dazu nicht in der Lage ist, fange ich jetzt gar nicht erst an ...

Eine Trächtigkeitsuntersuchung beim Hund ist leider erst ab Tag 21 mittels Ultraschalls möglich, da es ja hormonell kaum einen Unterschied zwischen einer echten und einer Scheinträchtigkeit gibt. Damit entfällt leider auch die Möglichkeit eines hormonellen Schwangerschaftstests wie bei uns Menschen.

Aber eine ungewollte Trächtigkeit lässt sich beim Hund bis zum 45. Tag vergleichsweise einfach und nebenwirkungsarm unterbrechen. Der dazu verwendete, in der Regel gut verträgliche Wirkstoff Aglepriston ist ein sogenannter Progesteronantagonist, der die Progesteronrezeptoren blockiert und dadurch zum Abbruch führt, weil ohne Progesteron eine Trächtigkeit nicht aufrechterhalten werden kann. Das Medikament wird an

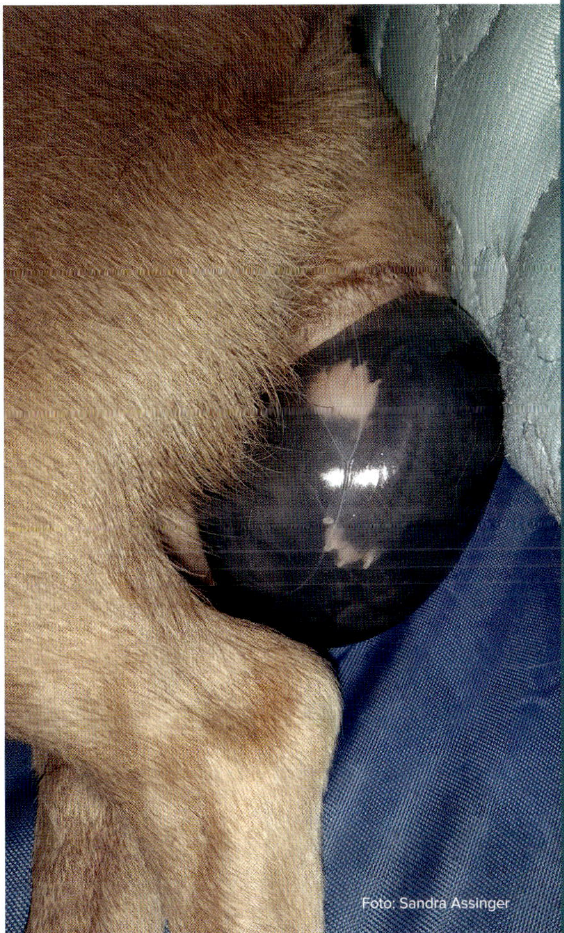

Eine Geburt birgt immer auch ein großes Risiko für Welpen und Hündin.

zwei aufeinanderfolgenden Tagen verabreicht und der Abbruch der Trächtigkeit sollte auf jeden Fall noch mal per Ultraschall bestätigt werden. Aber selbstverständlich sollte man keinesfalls bis zum 45. Tag warten, denn je länger eine Trächtigkeit besteht, desto weiter entwickelt sind die Welpen und desto unschöner wird das Ganze für Hündin, Halter und Tierarzt.

Hat man einen Deckakt beobachtet und hingen die Hunde gar aneinander, kann man bereits direkt nach Beendigung der Läufigkeit Aglepriston geben. Ist es hingegen mehr eine Vermutung, rate ich dazu, ab Tag 21 eine Trächtigkeitsuntersuchung per Ultraschall zu veranlassen und dann zu entscheiden. Aber Achtung: Auch wenn die Hunde nicht bis zum Äußersten gingen und hingen, kann es trotzdem zur Trächtigkeit kommen, und auch sehr junge Rüden, die gerade erst an die Türe der Pubertät klopfen, können entgegen anderslautenden Meinungen durchaus bereits erfolgreich decken, auch wenn ihre Chancen nicht ganz so gut sind wie bei älteren, erfahreneren Rüden. Im Zweifelsfall gilt es hier, lieber einmal zu oft zu kontrollieren und gegebenenfalls rechtzeitig eine rationale Entscheidung zu treffen als zu lange zu warten. Ungewollte Hunde gibt es wahrlich schon mehr als genug, wie derzeit die aus allen Nähten platzenden Tierheime zeigen.

“

Piranha – Östrogen macht Bordsteinschwalben!

Piranha (das Pü) ist eine Chihuahua-Hündin, die mit einem knappen Jahr und kurz vor der ersten Läufigkeit hier einzog und dann gefühlt erst mal dabei blieb, ständig läufig zu sein. Das war sie natürlich nicht, auch wenn es anfangs dreimal jährlich zum Tanz der Hormone – und mit ihnen zum Tanz des Chihuahuas – kam.

Inzwischen wird sie absolut pünktlich zweimal im Jahr läufig, die große Show ist aber geblieben. Bereits im Proöstrus, mit dem Anstieg des Östrogenspiegels, beginnt Piranha, erst mal mit sehr ausführlichen Markierungsarbeiten, die jeden gestandenen Rüden vor Neid erblassen lassen. Selbstredend wird mit sehr viel Kommunikation, Scharren und ausschließlich im Handstand markiert, sodass jeder, der nach ihr an der Stelle vorbeikommt, der Meinung sein muss, dass da mindestens eine Dogge zugange war. Außerdem fährt sie erst mal jeden greifbaren Rüden ausgiebig Probe, indem sie exzessives Spielverhalten zeigt. Wir erinnern uns: Für die Hündin steht viel auf dem Spiel und sie möchte sich sicher sein, den perfekten Vater für ihre potenziellen Welpen abzubekommen. Denn intuitiv weiß auch Piranha, dass nur gesunde, stressfreie Rüden spielen und weniger dazu neigen,

Wenn Piranha aufdreht, machen alle anderen mit.

den eigenen Nachwuchs zu töten. Weil das auch der Rüde weiß, nimmt er das Angebot zur Probefahrt gerne an – es sei denn, sein Immunsystem hat zu viele Gemeinsamkeiten mit Piranhas, was vermutlich auch der Grund ist, dass es Rüden gibt, die sogar für die kleine Bordsteinschwalbe uninteressant sind

Mein Meier, ein gestandener, intakter Beaglerüde, mit dem Piranha einen Großteil ihres Lebens verbrachte, war für sie aber zeitlebens mit dem passenden Immunsystem ausgestattet und hochinteressant, was zu einer ziemlichen Penetranz ihrerseits und zu einem zum Teil etwas überforderten Beagle meierseits führte. Denn je näher die Stehtage rücken, desto mehr dreht und reitet Piranha auf, sodass der Beagle mir stets hilflose Blicke à la „Ich habe da einen kleinen Ektoparasiten am Hinterteil, kannst Du den bitte mal entfernen?!“ zuwarf – das Ganze aber weiterhin stoisch ertrug. Wer Kinder möchte, muss schließlich Opfer bringen...
In den Läufigkeiten ist Piranha jedes Mal so was wie ein offenes Buch der Hormone und Botenstoffe, in dem man wunderbar nachschlagen kann, was die Funktionen der einzelnen Transmitter sind, die vom Östrogen beeinflusst werden (Zahnradgebilde der Hormone)
Unter dem Einfluss dieses Hormon- und Botenstoffcocktails mutiert dann der kleine Chi zur euphorischen, angeknipsten und pe- beziehungsweise pünetranten Bordsteinschwalbe, die es bisweilen etwas übertreibt. Ein wahres Naturschauspiel, ohne das mir inzwischen etwas fehlen würde! Es wäre allerdings gelogen, an dieser Stelle nicht zu erwähnen, dass wir alle nach dieser Show auch ganz froh sind, wenn das Pü sich in der Scheinträchtigkeit wieder runterfährt, um sich mental auf die vermeintlich bevorstehende Geburt vorzubereiten.
Zeit zum Durchatmen für alle! ”

Die Nachbrunst (Diöstrus)

Der Diöstrus bezeichnet die etwa neunwöchige Gelbkörperphase, die an die Zeit der Paarungsbereitschaft anschließt, sowie die Reparationsphase der Gebärmutterschleimhaut.

Dauer:
Die erste Phase des Diöstrus dauert neun bis zwölf Wochen, bis zum Abschluss der Regenerationsvorgänge am Uterus dauert es allerdings 18 bis 20 Wochen.

Hormone:
Die Gelbkörper, die bereits vor dem Eisprung an den Eierstöcken gebildet wurden, produzieren nun das Trächtigkeitshormon Progesteron. Es sorgt dafür, dass der Embryo die für seine Einnistung und sein Wachstum benötigten Bedingungen in der Gebärmutter vorfindet. Progesteron wird bei der Hündin in dieser Zyklusphase unabhängig davon gebildet, ob die Hündin tatsächlich tragend ist oder nicht. Es ist für das Phänomen der Scheinträchtigkeit bei der Hündin verantwortlich.

Erst nach neun bis zwölf Wochen kommt es zur Luteolyse, das heißt die Gelbkörper werden wieder abgebaut und der dadurch sinkende Progesteronspiegel regt jetzt die Ausschüttung des Hormons Prolaktin an. Prolaktin ist als „Elternhormon“ für die Jungtieraufzucht zuständig, weil es die Milchproduktion ankurbelt und das Brutpflegeverhalten steuert. Willkommen in der Scheinmutterschaft.

Körperliche Veränderungen:
Im Diöstrus gehen die Symptome der Läufigkeit wieder zurück, auch wenn sich manche Hündinnen in den ersten paar Tagen nach wie vor decken lassen. Aber spätestens nach ein paar Tagen wird die Hündin Rüden wieder vehement abwehren. Die Vulva schwillt ab und der Ausfluss verschwindet schließlich. Das Gesäuge bleibt durch den Progesteroneinfluss aber weiterhin etwas angeschwollen und manche Hündinnen quellen im Diöstrus unter dem Progesteroneinfluss regelrecht auf, auch wenn sie schlecht fressen, weil Wasser eingelagert wird.

Verhalten:
Das Verhalten einer Hündin im Diöstrus ist oft ein Grund für die Kastration von Hündinnen, denn unabhängig davon, ob sie tatsächlich gedeckt wurden oder nicht, kommt es in den Wochen nach der Läufigkeit zu psychischen und physischen Veränderungen. Diese werden von Hundehaltern oft als Scheinträchtigkeit bezeichnet, was aber nicht ganz korrekt ist, denn die damit bezeichneten Symptome wie die Milchproduktion, das Bemuttern alter Socken oder das Bauen von zum Teil durchaus beeindruckenden Wurfhöhlen in den Golfrasen würde die Hündin ja erst tun, wenn die Welpen bereits da wären oder ihre Geburt kurz bevorstünde. Der Begriff der Scheinmutterschaft wäre also an dieser Stelle passender.

Die Scheinträchtigkeit

Ganz im Gegenteil bekommen wir aber in der Regel von der Scheinträchtigkeit vergleichsweise wenig mit, außer dass die Hündin nach der heißen Läufigkeitsphase jetzt eher ruhig und häuslich ist und sich auf die Geburt vorbereitet. Zeit zum Durchatmen! Dennoch wird das ruhige Verhalten in dieser Phase oft als Problem oder gar Leiden der Hündin angesehen. In der Regel ist das aber nicht zutreffend, denn die Scheinträchtigkeit ist keine Krankheit, sondern ein physiologischer Zustand, der nun mal zum Hund gehört, genauso wie vier Beine es auch tun.

Dass die Hündin sich jetzt so verhält liegt – wer hätte es gedacht? – an den Hormonen, unter deren Einfluss sie nun steht, genauer gesagt am Progesteron. Progesteron gehört auch zum Zahnradgebilde und beeinflusst wiederum einen weiteren Botenstoff, und zwar GABA (Gammaaminobuttersäure), den wichtigsten hemmenden und beruhigenden Botenstoff im Gehirn, und verstärkt so dessen Wirkungen. Hormone und Rezeptoren funktionieren nach dem Schlüssel-Schloss-Prinzip, wenn das Hormon also in seinen Rezeptor passt, zeigt es seine Wirkung. Und Progesteron besetzt die GABA-Rezeptoren, denen es an dieser Stelle relativ egal ist, welcher Schlüssel im Schloss steckt, solange er denn passt. Also verstärkt Progesteron die Wirkungen von GABA und führt damit zu ruhigem, risikovermeidendem Verhalten, das dazu dient, den ungeborenen Nachwuchs zu schützen. Auch eine Hündin in der Scheinträchtigkeit verhält sich also so, dass das Risiko eines Aborts möglichst gering ist: Sie schwebt auf ihrer rosaroten Progesteronwolke durch die Gegend und ist oft auch entsprechend anhänglich und verschmust. Man könnte ihr auch unterstellen, das im Proöstrus unter Umständen mit einer Konkurrentin zerschlagene Porzellan in der Scheinträchtigkeit wieder flicken zu wollen, um potenzielle Babysitter für danach am Start zu haben.

Ruhigeres Verhalten nach der Läufigkeit ist ganz normal – und erholsam!

“

Rita: Progesteron macht Terror-Terrier träge

Rita-Line, der Beagle-Terrier, macht gewöhnlich sowohl ihrem Namen als auch beiden enthaltenen Rassen alle Ehre: es mangelt ihr nicht an Energie und Bewegungsfreude. Beim Fressverhalten schlägt hingegen der Beagle in ihr durch, sie ist wahrlich keine Kostverächterin und auch mengenmäßig hält sie mit einem ganzen Beagle mit. Ich habe mich schon oft gewundert, wo sie das alles hinpackt, ohne zuzunehmen. Aber normalerweise scheint die Rechnung zwischen Energiezufuhr und -verbrauch zu ihren Gunsten aufzugehen.
Das Problem: „Normalerweise“ bezieht sich in dem Fall auf alles, was nichts mit dem Diöstrus zu tun hat, denn da ist alles anders und Rita quasi auf links gekrempelt. Es kostet alle Überredungskunst, sie überhaupt aus dem Haus zu bekommen. Ist das gelungen, zieht sie entgegen aller Gewohnheit nach hinten, nicht nach vorne. Zuhause schwebt sie selig und mit Herzchen in den Augen auf ihrer rosaroten Progesteronwolke durch die Gegend, beziehungsweise bereitet sich in ihrem Körbchen, das sie auf die Schnelle zur Wurfhöhle umfunktioniert hat und am liebsten nicht mehr verlassen würde, mental voll und ganz auf die bevorstehende Geburt vor. „Rausgehen? Spinnst Du? Ich muss brüten!“
Progesteron hat bei Rita eine besonders fatale Auswirkung: Sie lagert Wasser ein und schwemmt extrem auf, obwohl sie nicht mehr zu fressen bekommt.
Dazu kommt ihre Schilddrüsenunterfunktion, die sich auch nicht gerade positiv auf die Figur auswirkt, und so ziemlich schnell dazu führt, dass sie – bei gleicher Futtermenge – den Bereich ihres Idealgewichts nach oben verlässt und ich auch schon ernsthaft zweifelte, ob da nicht doch unbemerkt 12 Welpen (mindestens!) in ihr wachsen.

Rita und ihr Ersatzwelpe.

Jedenfalls brachte mich das erstmals in meinem Leben in die unangenehme Situation, mich für die kleine vierbeinige Biotonne rechtfertigen zu müssen, und das in dem Fall vor meinem lieben und geschätzten Kollegen Ralph Rückert, der mit gekonntem Blick natürlich sofort jedes Gramm zu viel registriert. Auch unter ungetrimmtem Terrierfell. Ich eigentlich auch, aber weil die Vorstellung, dass einer meiner Hunde moppelig wird, für mich ähnlich absurd anmutet, wie der

Gedanke, zwei Pubertiere auf einmal aufzunehmen, verdrängte ich diese gewichtige Tatsache unbewusst hinter mein imaginäres, blick- und realitätseinschränkendes Terrierfell. Aber dafür hat man Freunde – und auch Tierärzte! – damit sie einen auch mit schonungslosen Wahrheiten konfrontieren.
Um Rita und mir an dieser Stelle nicht unrecht zu tun, verweise ich aber an dieser Stelle auf meinen hohen Anspruch an ein gesundes Gewicht bei meinen Hunden, der zu einem sehr eng ausgelegten Referenzbereich für Idealgewichte führt. Es kam um Glück nie so weit, dass ich Gefahr lief, freitags Rita anstelle der Biotonne vors Haus zu stellen, denn ab da waren meine Sinne für moppelige Beagle/Terrier wieder geschärft und mein imaginäres Problemverdrängungsterrierfell getrimmt. Ein paar Tage Diät, Ablenkung und vermehrte Bewegung haben ausgereicht, um sie ihre imaginären Welpen vergessen zu lassen und sie wieder in Topform zu bringen.

Eine besonders ausgeprägte Lactatio falsa hat sie hingegen nicht, das Gesäuge verändert sich nicht großartig und Milch wird kaum gebildet. Allerdings fährt sie in dieser Phase total auf Stofftiere ab, vor allem solche mit Quietschie – ich wusste gar nicht, dass ich so etwas habe, aber Rita wusste es! Sie würde sie am liebsten mit rausnehmen und ggf. auch verteidigen. Packe ich sie in den Schrank (die Stofftiere, nicht Rita!), sitzt sie mit einer unglaublichen Ausdauer davor und schmachtet den Schrank an. Weil der Terrier in ihr nichts vergisst, geht das dann tagelang so.

Hockt sie nicht vor dem Schrank, sitzt sie dafür zum Teil 20 Stunden pro Tag im Garten und schaut vollkommen verliebt und mit entzückend schräg gelegtem Kopf stundenlang in Mauselöcher, in denen sie offenbar Nachwuchs vermutet – ohne Anstalten zu machen, die Mäuse auszubuddeln. Und das, obwohl Mäuse für sie normalerweise nur eine Daseinsberechtigung haben: als gerne genommener Snack für zwischendurch. Ich nehme an, dass sie hochfrequente Töne des Mäusenachwuchses wahrnimmt, die mir verborgen bleiben, denn sie findet keineswegs alle Mauselöcher interessant, sondern nur ganz bestimmte, die sie erst einmal suchen muss. Hat sie dann endlich das passende gefunden, würde sie am liebsten bei „ihren Mäusen" im Garten übernachten, damit den armen Kleinen auch sicher nichts zustößt. Ich muss alle Überredungskünste aufwenden, um sie dazu zu bewegen, wieder ins Haus zu kommen.

Bei Rita gilt es im Diöstrus vor allem, auf ihr Gewicht zu achten, sie auf andere Gedanken zu bringen und ein Auge darauf zu haben, dass es nicht zwischen den Hunden zu einer Jungtier- bzw. Stofftierverteidigung kommt. Mit ein bisschen Management lässt sich das ganz gut regeln. Dennoch sind wir alle froh, wenn der imaginäre Nachwuchs dann endlich flügge ist und auszieht ...

Die Scheinmutterschaft

Mit dem langsamen Absinken des Progesteronspiegels durch den Abbau der Gelbkörper gegen Ende einer Trächtigkeit (circa 63 Tage) oder als Reaktion des Körpers auf eine nun endlich erkannte nicht vorhandene Trächtigkeit, steigt gleichzeitig die Konzentration des Hormons Prolaktin an. Prolaktin fördert die Ausbildung des Gesäuges und somit die Milchbildung, ist aber auch für das Brutpflegeverhalten und die Jungtierverteidigung zuständig. Deswegen wird es auch als Elternhormon bezeichnet. Prolaktin ist allerdings kein echtes Sexualhormon, sondern stammt aus dem Gehirn, genauer gesagt aus dem Hypophysenvorderlappen. Wie wir gerade gesehen haben, wird es zwar bei der Hündin automatisch gegen Ende der Scheinträchtigkeit/Trächtigkeit gebildet, allerdings lässt es sich auch durch andere Einflüsse stimulieren, wie etwa den Umgang mit Jungtieren („Kindchenschema"), Pheromone oder auch die Jahreszeit.

Lactatio falsa – Scheinträchtigkeit ist keine Krankheit, sondern ein Zustand!

Weitere Bezeichnungen für die Prozesse im Diöstrus sind *Lactatio falsa*, Pseudogravidität oder *Lactatio sine graviditate*.

Auch würde Rita jetzt Adoptionspapiere unterschreiben.

Auch oder gerade weil die Scheinträchtigkeit/-mutterschaft oft pauschal als Problem angesehen wird, ist es wichtig, darauf hinzuweisen, dass das Verhalten, das die Hündin jetzt zeigt, zunächst einmal ganz normal ist. Hormone sind nun mal maßgeblich an der Verhaltenssteuerung beteiligt und gehören zum Hund, wie auch die *Lactatio falsa* es tut! Und wer meint, Welpen im Bauch zu haben, weil einem das die eigenen Hormone vorgaukeln, verhält sich halt auch so. Entsprechend gehören die Erscheinungen des Diöstrus zur Hündin, auch wenn sie im Einzelfall(!) natürlich einen Kastrationsgrund darstellen können. Aber was ist normal, was nicht? Und was kann man tun?

Biologisch gesehen ist die *Lactatio falsa* ein Erbe der Wölfe und dient dazu, dass auch andere weibliche Familienmitglieder in der Jungtierbetreuung einspringen oder sie übernehmen können, wenn der Mutter etwas zustößt.

Wie bereits beschrieben, ist es also als normal anzusehen, wenn die Hündin nach der Läufigkeit ruhiger und häuslicher wird, solange sie sich in einer guten Verfassung befindet. Eine Studie von Root (2018) ergab als häufigstes Symptom der *Lactatio falsa* das Sammeln und Bemuttern von Objekten, gefolgt von Nestbauverhalten und erhöhter oder auch verringerter Aktivität. 97 Prozent der in dieser Studie befragten Tierärzte gaben zudem an, dass

Auch in der Lactatio falsa sollte man besonders darauf achten, dass es nicht zu Jungtierverteidigungsaggression unter Hündinnen kommt.

bei betroffenen Hündinnen auch mütterliche Aggression auftrat (19 Prozession häufig; 44 Prozent manchmal; 33 Prozent selten; 3 Prozent nie).

Auch wenn dieses Verhalten, wie auch die Anbildung des Gesäuges und sogar die Produktion von Milch, zunächst physiologisch ist, würde ich eine nicht tragende Hündin ablenken und an dieser Stelle auch mal „zwangsbespaßen", sprich ihr zeigen, dass man trotz des hormonellen Ausnahmezustands lustige Dinge unternehmen kann. Denn die „Selbstbelohnungsdroge" Dopamin ist ein Gegenspieler des Prolaktins, sprich je mehr Dopamin vorhanden ist, desto niedriger ist der Prolaktinspiegel. Dopamin lässt sich wiederum wunderbar zum Beispiel durch Nasenarbeit, Clickertraining oder sonstige Aufgaben, bei denen der Hund Erfolgserlebnisse hat, stimulieren.

Auch der Mönchspfeffer greift in der Hypophyse in den Dopaminstoffwechsel ein. Er hemmt in höheren Dosierungen die Prolaktinproduktion und kann so die Ausprägungen der *Lactatio falsa* abmildern. Hierzu gibt es gute Erfahrungsberichte und einen Versuch ist es sicherlich wert.

Sollte die vermeintlich werdende Mutter beginnen, Quietschtiere oder alte Socken zu bemuttern oder gar zu verteidigen, würde ich das genauso unterbinden wie das Buddeln von Wurfhöhlen. Ab in die Babyklappe damit, bis die Hündin wieder „normal tickt"!

Berührungen am Gesäuge, die über einen kurzen Check, ob alles in Ordnung ist, hinausgehen, sollten unterbleiben, weil jegliche Manipulation den Milchfluss weiter stimuliert. Manche Hündinnen (oder in Mehrhundehaltungen auch deren Artgenossen) belecken sich das Gesäuge, was man durch einen Leckschutz (Body oder Ähnliches) verhindern kann.
Oft hilft es auch, den Energiegehalt der Nahrung zu reduzieren, denn wenn keine Energie mehr da ist, wird die Milchproduktion gedrosselt. So bringen auch manche Züchter bei ihren Hündinnen den Milchfluss zum Versiegen.

Wenn nach sieben bis zehn Tagen keine Besserung eintritt oder Anzeichen einer Gesäugeentzündung (verhärtete, heiße und schmerzhafte Milchdrüse(n) oder blutiges Sekret) bestehen, sollte man seinen Haustierarzt aufsuchen und einen sogenannten Prolaktinhemmer besorgen (Cabergolin), der dazu führt, dass die Prolaktinproduktion wieder heruntergefahren wird. Diese Medikamente werden in der Regel für fünf bis sieben Tage verabreicht, gelegentlich ist aber auch eine längere Behandlung erforderlich, um die Scheinträchtigkeit vollständig zu beenden. Geht es „nur" um eine normale Milchproduktion, ist dies in der Regel nicht nötig.

Auch sollte man bei extrem ausgebildeten Scheinträchtigkeiten/-mutterschaften gegebenenfalls ein Schilddrüsenprofil erstellen, wenn der Hund auch andere Symptome einer Unterfunktion zeigt, weil auch diese durch hormonelle Rückkoppelungen zu einem Anstieg des Prolaktinspiegels führen kann. Einen ähnlichen Effekt kann auch dauerhafter Stress haben, der ebenfalls das Prolaktin sprudeln lässt, sodass man auch noch mal kritisch hinterfragen sollte, ob man eventuell durch ein gutes Stressmanagement weiteren Einfluss auf die Prolaktinkonzentration nehmen kann.

Auch GABA, der wichtigste hemmende Botenstoff im Gehirn, vermag den Prolaktinspiegel deutlich zu senken, sodass bei milden Ausprägungen zunächst ein Nahrungsergänzungsmittel, das den GABA-Spiegel beeinflusst, ausprobiert werden kann. Die GABA-Rezeptoren werden zum Beispiel von Alpha-Casozepin oder durch die Aminosäure Theanin beeinflusst. Beide Wirkstoffe sind als Nahrungsergänzungsmittel für Hunde erhältlich.

Wenn eine Hündin jedoch über die ersten drei Läufigkeiten hinweg jedes Mal massive Probleme mit den Erscheinungen des Diöstrus hat, kann das aber eine Indikation für eine Kastration sein, da man ihr dadurch den Stress nehmen kann. Allerdings gilt es hier tatsächlich kritisch zu hinterfragen, ob die Hündin wirklich außergewöhnlichen Stress hat oder ob das nicht nur unsere menschliche Interpretation ist.

Die Ruhephase (Anöstrus)

Als Anöstrus bezeichnet man die Zeit zwischen dem Ende des Diöstrus und dem Beginn des nächsten Proöstrus. Mit dem Abbau der Gelbkörper am Ende der Lutealphase erlangt die Hündin wieder einen hormonellen „Normalzustand“, alle Sexualhormone fallen wieder auf Tiefstand. Die Veränderungen an den äußeren Genitalien und an der Gebärmutter werden komplett zurückgebildet und repariert. Die sexuelle Ruhephase setzt ein und dauert so lange, bis der Zyklus wieder mit dem nächsten Prä-Proöstrus von Neuem beginnt.

Dauer:
Der Anöstrus dauert durchschnittlich etwa vier Monate, die Zeit kann aber je nach Hündin stark schwanken, da es Hündinnen gibt, die nur einmal pro Jahr läufig werden, andere hingegen dreimal im Jahr.

Körperliche Veränderungen:
Das äußere Genital ist während des Anöstrus wieder klein und unauffällig, die Schleimhaut der Vagina ist rosarot und etwas feucht.

Hormone:
Im Anöstrus sind alle Sexualhormone auf Tiefstand heruntergefahren.

Verhalten:
Unauffällig, zumindest was das Sexualverhalten betrifft.

Im Zyklusgeschehen zu beachten

Unerlässlich ist die Dokumentation der Läufigkeit und das Führen eines „Zyklus-Tagebuchs“, um eventuelle Abweichungen zu erkennen. Wichtig sind der Beginn der Blutung und die Dauer der einzelnen Zyklusphasen, Farbe, Intensität und Dauer des Ausflusses, die Abstände zwischen den Läufigkeiten sowie Veränderungen des Verhaltens im gesamten Zyklusgeschehen. Sollte es zu Auffälligkeiten kommen, hilft das dem Haustierarzt bei der Diagnostik und gegebenenfalls auch bei der Kastrationsberatung. Unbedingt ist bei der Hündin nach der Läufigkeit auf Ausfluss und Allgemeinbefinden zu achten, da das der Zeitraum ist, in der die meisten Gebärmuttervereiterungen entstehen (siehe Kapitel über die medizinischen Gründe für die Kastration). Viele Hündinnen haaren nach der Hitze im Anöstrus hormonell bedingt sehr stark ab, sodass man sich wundert, dass überhaupt noch Fell übrig bleibt. Das ist normal und kein Grund zur Beunruhigung.

Bänder und das Bindegewebe werden unter Östrogeneinfluss weich, es wird Wasser eingelagert. Unter Östrogeneinfluss sind Hündinnen demnach anfälliger für Verletzungen am Bewegungsapparat, wie etwa Bänderdehnungen, Kreuzbandrisse oder andere orthopädische Probleme. Aus diesem Grund sollten Untersuchungen, z.B. auch auf die Patellaluxation, nicht in der Läufigkeit, sondern am besten im Anöstrus stattfinden.

Auch die Schilddrüse wird durch die Läufigkeit beeinflusst (Zahnradgebilde der Hormone!), sodass man Werte immer im Anöstrus bestimmen sollte, damit sie eine Aussagekraft haben.

Das Zyklusgeschehen fordert besondere Aufmerksamkeit des Halters.

Zudem würde ich Impfungen nach Möglichkeit im Anöstrus durchführen, weil das Immunsystem im Zyklusgeschehen auch ohne Impfung ausreichend beschäftigt ist.

Störungen im Zyklusgeschehen

Vor allem in den ersten Läufigkeiten, bevor sich alles eingespielt hat, kommt es bei jungen Hündinnen gelegentlich zu Abweichungen vom normalen Zyklusverlauf.

Stille Läufigkeit

Die sogenannte stille oder auch weiße Brunst zeichnet sich dadurch aus, dass die Hündin zwar läufig ist, aber keine oder kaum Läufigkeitsanzeichen zeigt, das heißt die Vulva ist nicht vergrößert und man findet kaum blutigen Scheidenausfluss. In Ausnahmefällen tritt diese „stille" oder „weiße" Läufigkeit auch lebenslang auf.

Problematisch daran ist, dass Halter – im Gegensatz zu Rüden, die trotzdem genau wissen, was los ist – oft keine Kenntnis davon haben, dass die Hündin läufig ist, die Hündin aber durchaus, wie in jeder anderen, normalen Läufigkeit auch, gedeckt werden kann. Man sollte sich also besser nicht nur auf äußere Läufigkeitsanzeichen verlassen, sondern auch darauf achten, wie interessiert Rüden sind und im Zweifelsfall den Kontakt unterbinden.

Der Split-Östrus

Eine weitere Besonderheit, die besonders oft bei jungen Hündinnen zu beobachten ist, ist die geteilte Läufigkeit, der sogenannte Split-Östrus. Die Hündin legt zwar mit allen Anzeichen einer Läufigkeit los, oft zum Beispiel, weil sie Kontakt zu anderen läufigen Hündinnen (zum Beispiel in einer Mehrhundehaltung) hat, zieht aber nicht durch, sondern bricht nach kurzer Zeit wieder ab, um ein paar Tage oder Wochen darauf erneut loszulegen. Dann haben die Halter oft das Gefühl, dass sie „schon wieder" läufig ist, obwohl sie das meist noch gar nicht war, weil es nicht zum Eisprung kam.

Gründe, eine bereits begonnene Läufigkeit wieder abzubrechen, können zum Beispiel andere Hündinnen mit höherem Status sein, aber auch andere Faktoren, wie zum Beispiel Stress, ein gestörtes Allgemeinbefinden etc.

An dieser Stelle sei noch mal darauf hingewiesen, dass es oft die bereits erwähnten drei Läufigkeiten braucht, bis der Zyklus wie geplant abläuft und die junge, unerfahrene Hündin damit auch gut zurechtkommt.

Verlängerte Läufigkeit

Von einer verlängerten Läufigkeit spricht man, wenn die Hündin mehr als 21 bis 28 Tage mit gleichzeitiger Attraktivität für den Rüden blutet. Mögliche Ursachen für die verlängerte Läufigkeit können hormonelle Imbalancen durch Zysten auf den Eierstöcken oder auch hormonell aktive Tumore sein. Zudem kann eine Veränderung im Bereich der Nebenniere oder der Leber als Ursache in Frage kommen.

Verkürzter Zyklus

Es gibt verschiedene wissenschaftliche Meinungen, ab wann man von einem verkürzten Zyklus spricht. Von unter fünf bis unter vier Monaten ist in der Literatur die Rede. Hierbei geht es immer um den Zeitraum von einer Läufigkeit bis zur nächsten. Eine mögliche Ursache hierfür kann zum Beispiel ein Mangel an Progesteron sein, der zu einem vorzeitigen Abbruch des Zyklus/der Trächtigkeit führt. Weitere Ursachen für den verfrühten Eintritt in die nächste Läufigkeit können das Ausbleiben von Eisprung und Gelbkörperphase, oder ein Mangel an Gelbkörperhormonen sein. Eine betroffene Hündin sollte auf jeden Fall gynäkologisch abgeklärt und die Ursache gesucht werden.

Anöstrie

Darunter versteht man das vollständige Ausbleiben der Läufigkeit. Hier muss man zwischen dem Ausbleiben der Hitze bei jungen, adulten und älteren Hündinnen differenzieren. Wenn Besitzer noch nie eine Läufigkeit bei ihrer Hündin bemerkt haben, ist die Hündin entweder zu jung, also noch nicht in der Pubertät, oder sie hatte eine stille Hitze, die niemandem aufgefallen ist. Ansonsten kommen verschiedene Ursachen infrage, wie zum Beispiel eine Missbildung des Eierstocks oder des Geschlechtstrakts, aber auch systemische Erkrankungen können ursächlich sein. So kann beispielsweise eine Nebennierenrindenüberfunktion (Morbus Cushing), eine Schilddrüsenunterfunktion (Hypothyreose) oder auch Stress zum Ausbleiben der Hitze führen.

Menopause?

Eine Hündin wird im Gegensatz zu uns Menschen ihr Leben lang läufig, hat also keine Wechseljahre. Aber oft schwächen sich die Läufigkeitssymptome mit zunehmendem Alter ab, oder die Intervalle verlängern sich und die Hündin wird zum Beispiel nur noch einmal im Jahr läufig. Trotzdem sollte man das beim Ausbleiben der Läufigkeit abklären lassen, um nicht eine womöglich dafür verantwortliche Grunderkrankung zu übersehen.

„Ist das ein Rüde?“ Das Testosteron und seine Wirkungen

Natürlich nehmen nicht nur die weiblichen Sexualhormone Einfluss auf das Verhalten und den gesamten Körper, sondern auch die Androgene, die männlichen Sexualhormone, und allen voran ihr Hauptvertreter, das Testosteron. Tatsächlich gibt es Rezeptoren für und damit Wirkungen der Androgene fast überall im Körper, weswegen die Annahme, dass sie ausschließlich für das Sexualverhalten (und allenfalls noch für Aggression) zuständig sind, geradezu absurd anmutet.

Geschlechtsdifferenzierung

Kurz nach der Befruchtung wird das Geschlecht durch das Y-Chromosom (ein Geschlechtschromsom = Gonosom) bestimmt. Auf diesem befindet sich ein Gen, das „Sex-determining Region of Y-Gen" (SRY-Gen) genannt wird, und das mit Genen anderer Chromosomen interagiert und so zur Bildung des „Hoden-determinierenden Faktors" führt. Dadurch wird die Entwicklung zum Hoden und damit zum männlichen Geschlecht generell eingeläutet. Mit der Ausbildung des SRY-Gens differenzieren sich die Sertoli-Zellen, die später als Blut-Hoden-Schranke dienen und in der Geschlechtsdifferenzierung das Anti-Müller-Hormon bilden, was zur Rückbildung der sogenannten Müller-Gänge führt. Die Hoden steigen jetzt in die Produktion von Testosteron ein, welches dann dafür sorgt, dass sich die äußeren Geschlechtsorgane, also Penis und Skrotum (= Hodensack) entwickeln.

Ohne ein aktives SRY-Gen entwickeln sich die Keimdrüsen zu Eierstöcken, die anfangen, Östrogen zu produzieren, was zur Ausdifferenzierung der Müllerschen Gänge zu Eileitern, Gebärmutter und Vagina führt – eine Hündin entsteht.

Perinataler Testosteron-einfluss

Auch perinatal, also um den Geburtszeitraum herum, hat Testosteron im Gehirn bereits bedeutende Wirkungen: Wenige Tage nach der Geburt kommt es zu einem Anstieg des Testosteronspiegels, der für die Vermännlichung des Gehirns und damit auch für männliches Verhalten

Die Sexualhormone führen bereits vorgeburtlich zu männlichem Verhalten.

verantwortlich ist. Ohne den Testosteroneinfluss zu diesem Zeitpunkt bleibt das Gehirn weiblich, unabhängig davon, welche Keimdrüsen vorhanden sind. Dieses Phänomen wird als „organisatorische Wirkung des Testosterons“ bezeichnet und lässt sich später im Leben nicht mehr beeinflussen. Danach herrscht bis zur Pubertät erst mal Flaute, was die Sexualhormone angeht.

In der Pubertät geht's weiter

Wie auch die Östrogene wird Testosteron beim Rüden das erste Mal zu Beginn der Pubertät in größeren Mengen produziert und führt auch hier zur Beendigung des Längenwachstums. Gleichzeitig hat es einen stark anabolen, also muskelaufbauenden Effekt, weswegen der Rüde sich im Körperbau ab jetzt zunehmend von der Hündin unterscheidet, was man als Geschlechtsdimorphismus bezeichnet. Vor allem Nacken-, Schultergürtel- und Oberschenkelmuskulatur werden besonders gut ausgebildet. Rüden sind auch etwas größer/kräftiger als Hündinnen, aber auch der „dicke Rüdenschädel“ entsteht erst unter dem Einfluss von Testosteron. Außerdem beendet das Testosteron, dessen Konzentration in der Pubertät massiv ansteigt, den pubertären Wachstumsschub und führt dadurch zum Ende der Pubertät hin durch den Schluss der Wachstumsfugen zur Beendigung des Längenwachstums.

Weiterhin ist es auch für die Ausbildung der sekundären Geschlechtsmerkmale zuständig, sorgt für eine Reifung der Spermien, und spielt natürlich für die Libido eine Rolle – letztere funktioniert aber auch ohne die Anwesenheit von Testosteron, wie (früh-)kastrierte Rüden immer wieder zeigen, die den Deckakt bis zum Hängen durchziehen. Solchen Kandidaten sollte man dann eventuell

In der Pubertät kommt das Testosteron mit voller Wucht zurück.

auch noch schriftlich mitteilen, dass sie tatsächlich kastriert sind ... Außerdem verstärken die Androgene die Stabilität von Knochen und Knorpeln und deren Neubildung nach Verletzungen, straffen das Bindegewebe und steigern die Leistungsfähigkeit, indem sie die Bildung roter Blutkörperchen anregen.

Körperliche Wirkungen des Testosterons

Testosteron ist das wichtigste Sexualhormon des Rüden und entsteht zum größten Teil in den Hoden, genauer in den sogenannten Leydig-Zellen. Aber auch Hündinnen produzieren in geringer Menge davon, bei ihnen stammt es hauptsächlich aus den Nebennieren.

Androgenrezeptoren (Andockstellen für das Testosteron) finden sich tatsächlich nahezu überall im Körper, zum Beispiel im Gehirn, den Knochen, in Muskeln, Fettgewebe, Leber und Haut.

Testosteron bewirkt geschlechtsunspezifisch über verschiedene Mechanismen den Aufbau von Muskelgewebe, wirkt also anabol. Unter anderem erhöht es die dafür nötige Proteinbiosynthese, steigert aber auch den Knochenaufbau. Beides sind weitere Gründe, warum sich orthopädische Probleme in der Regel nach einer Kastration, also dem Wegfall des Testosterons, verschlechtern. Sollte der Hund bekannte Probleme im Bewegungsapparat haben, rate ich von einer Kastration ab, solange es keine absolute medizinische Indikation gibt. Denn auch die beste Physiotherapeutin kann nach einer Kastration nicht wieder an Muskulatur aufbauen, was vorher noch da war. Zudem fördert Testosteron die Bildung von roten Blutkörperchen, wirkt also insgesamt leistungssteigernd.

Testosteron stimuliert außerdem die Talgproduktion in der Haut, weswegen Rüden eine etwas fettigere und grobporigere Haut haben als Hündinnen. Eine mögliche Folge ist, dass Rüden häufiger von Atheromen („Grützbeuteln") durch verstopfe Talgdrüsen betroffen sind, die sich auch gelegentlich entzünden können und dann behandelt werden müssen.

Testosteron wird für das Längenwachstum und den Aufbau körperlicher Kraft benötigt.

Im Erwachsenenalter reguliert Testosteron zusammen mit dem follikelstimulierenden Hormon (FSH) die Bildung von Spermien (Spermatogenese) und deren Reifung (Spermiogenese).

Wie auch der Mann produziert der Rüde sein Leben lang Testosteron. Allerdings kommt es auch beim Hund im Alter zu leicht abfallenden Spiegeln.

Testosteron und Verhalten

Im Verhaltensbereich hatten die männlichen Sexualhormone, die Androgene, und allen voran das Testosteron lange Zeit einen eher schlechten Ruf, wurden sie doch für sämtliche männliche Aggression verantwortlich gemacht. Daher stammt auch der bis heute weit verbreitete Glaube, dass eine Kastration ein Allheilmittel für alles ist, was Hunde mit ihren Zähnen tun ...

Das klingt zunächst plausibel, wenn man sich zum Beispiel die Testosteronspiegel von Gefängnisinsassen näher anschaut: Menschen, die schwere Gewaltverbrechen begangen haben, weisen höhere Testosteronspiegel auf als Menschen, die „nur" schwarz gefahren sind oder Steuern hinterzogen haben. Schnell ist daraus der Schluss gezogen, dass Testosteron „Gewaltverbrecher macht". Aber ist das wirklich so? Nein, denn tatsächlich zeigen aktuelle Forschungen, dass Testosteron zumindest beim Menschen das Gegenteil bewirkt, nämlich Fairness, Großzügigkeit und prosoziales Verhalten fördert.

Die organisierenden Effekte des Testosterons führen zum typischen Rüdenverhalten.

Wie kommt es dann aber zu höheren Testosteronspiegeln bei Gewaltverbrechern? Inzwischen vermutet man, dass Testosteron nicht der Auslöser von Gewalt, sondern das Resultat davon ist

– nicht umsonst wird es in der Verhaltensbiologie auch als das „Hormon des sozialen Erfolges“ bezeichnet: Wann immer man eine Auseinandersetzung für sich entscheidet und Ansehen gewinnt, steigt der Testosteronspiegel an.

So wurde zum Beispiel einer Hockeymannschaft ein Video eines Spiels, das die Mannschaft gewonnen hatte, gezeigt, und vorher und danach ihr Testosteronspiegel gemessen. Es zeigte sich, dass der Testosteronspiegel bei allen Spielern anstieg, während sie sich selbst beim Gewinnen zusahen.
Testosteron dient also auch dem Selbstaufbau und Ähnliches kann man auch bei Hunden beobachten, die starkes Imponier- und Markierverhalten zeigen: Während sie ihrer wichtigen Tätigkeit nachgehen, kann man förmlich zuschauen, wie sie „wachsen“ und selbstbewusster werden. Auch ist dieser Zusammenhang vermutlich einer der Gründe, warum die Kastration bei einer Artgenossen-Aggression oft zu keiner Besserung des Verhaltens mehr führt: Haben Rüden erst einmal gelernt, dass man sich nach einer gewonnenen Klopperei durch den selbstbelohnenden Effekt des Testosterons so richtig gut fühlt, ist es irgendwann egal, ob noch Hoden und Hormone vorhanden sind – man bzw. Hund möchte dieses Gefühl wiederhaben.
Hier könnte es an manchen Stellen helfen, allzu viele Erfolgserlebnisse zu verhindern und den Rüden eine Zeitlang kleinere Brötchen backen zu lassen.

Auch zur Förderung prosozialen und fairen Verhaltens gibt es beim Menschen inzwischen eine ganze Latte an Studien, wie zum Beispiel das Verhalten beim sogenannten „Ultimatumspiel“, bei dem die eine Gruppe (in diesem Fall waren es Frauen) vorher Testosteron bekam, die andere hingegen nur ein Placebo. Dann galt es, einen bestimmten Geldbetrag untereinander aufzuteilen, indem eine der beiden einen Vorschlag machte, den die andere entweder annehmen oder ausschlagen konnte. Fiel die Offerte zu gering aus und dadurch zu wenig für die andere ab, schlugen die meisten Menschen das Angebot aus, da sie es als unfair empfanden.

Entgegen den Erwartungen verhielten sich jedoch die Probandinnen unter Testosteroneinfluss gar nicht egoistischer und asozialer, wie erwartet, sondern deutlich kooperativer und fairer und machten öfter ein faires Angebot (nämlich halbe-halbe) als die Gruppe, die nur ein Placebo verabreicht bekam.

Ähnliche Ergebnisse brachte ein Versuch, bei dem die Testpersonen ein einfaches Würfelspiel in separaten, blickdichten Kabinen durchführten. Wieder wurde eine Hälfte zuvor mit Testosterongel behandelt, die andere bekam auch hier ein Placebo. Dann durften sie mit zwei Würfeln würfeln und bekamen für jedes gewürfelte Auge einen Euro. Je höher die gewürfelte Augenzahl, desto größer war also auch der Geldbetrag, den es als Belohnung gab. Der Versuch war so konzipiert, dass die Teilnehmer problemlos schummeln und die Unwahrheit sagen durften – wähnten sie sich doch unbeobachtet. Aber natürlich konnten die Wissenschaftler im Nachhinein feststellen, ob die verschiedenen Testpersonengruppen die Wahrheit sagen oder nicht. Statistisch gesehen war die Wahrscheinlichkeit, dass alle bei vielen Durchgängen insgesamt auf eine ähnliche Augenzahl und damit auch zu einer ähnlichen Summe an Geld kommen, bei allen gleich hoch. Aber tatsächlich gingen die Probanden mit Testosteron mit deutlich weniger Geld nach Hause, weil sie nicht gelogen, sich also fair verhalten haben. Auch dieser Versuch zeigt, dass es schlichtweg zu kurz gedacht ist, dem Testosteron eine ausschließlich antisoziale Wirkung zuzuschreiben. Vermutlich steigert das Hormon aber den Stolz und das Bedürfnis, ein positives Selbstbild zu entwickeln, und da reichen ein paar Kröten halt nicht aus, um dafür das Selbstwertgefühl aufs Spiel zu setzen.

Testosteron ist bei weitem nicht nur für die Ausprägung der Geschlechtsorgane notwendig, sondern hat auch sonst überall im Körper und beim Verhalten wichtige Funktionen.

Insgesamt scheint Testosteron eben nicht nur bei der reaktiven Aggression eine Rolle zu spielen, sondern auch prosoziales Verhalten zu fördern. Es verstärkt offenbar großzügiges Verhalten gegenüber Personen, die nett zu einem waren und es verstärkt Vergeltungsdrang oder Aggression, wenn man zuvor unfreundlich oder unfair behandelt wurde.

Testosteron hat also zwei Gesichter, vor allem aber steigert es das Streben nach Status und fördert dadurch eben, je nach Kontext, aggressives oder prosoziales Verhalten – je nachdem, was in der aktuellen Situation mehr zum Statuserhalt beiträgt. Und in der sozial komplexen

Umwelt von Hunden sichern eben meist nicht Aggression, sondern prosoziales Verhalten, Fairness und Kooperationsbereitschaft den Status.

Spannendes am Rande: Das schlechte Image des Testosterons scheint dennoch sehr tief in unseren Köpfen verwurzelt zu sein. Machten die Wissenschaftler im Ultimatumspiel den Probanden weis, dass sie Testosteron und kein Placebo erhalten hatten, verhielten sich diese fortan deutlich egoistischer und machten unfairere Angebote, obwohl sie in Wahrheit ein Placebo bekommen hatten. Und genauso hält sich der Glaube in den Hundehalterköpfen, dass Testosteron auch beim Hund ausschließlich negative Verhaltensmodifikationen wie Aggression oder Hypersexualität bewirkt.

Weiterhin wirkt Testosteron stark angstlösend und antidepressiv, indem es die Dichte von Serotonintransportern an der Zelloberfläche in subkortikalen Hirnstrukturen erhöht, also den Serotoninspiegel positiv beeinflusst. Denn dass ein Abfall des Serotoninspiegels mit Aggression, verstärkter Angst und depressiven Verstimmungen einhergeht, ist schon lange bekannt, weswegen auch selektive serotonin-Wiederaufnahmehemmer (SSRIs), die zu einer Erhöhung von Serotonin im synaptischen Spalt führen, also dessen Wirkung verstärken, nicht nur beim Menschen, sondern auch beim Hund als Psychopharmaka eingesetzt werden.

Zudem scheint es einen positiven Effekt auf die Neuroplastizität zu haben, also die Fähigkeit des Gehirns, seinen Aufbau und seine Funktionen so zu verändern, dass es optimal auf neue äußerliche Einflüsse und Anforderungen reagieren kann, der sich ebenfalls antidepressiv auswirkt. Allerdings muss an dieser Stelle der Vollständigkeit halber erwähnt werden, dass das Testosteron im Gehirn erst in Östradiol, das wichtigste weibliche Östrogen, umgewandelt werden muss und wird, damit diese Wirkung gegeben ist.
Bei alternden Männern, bei denen der Testosteronstrom im Gegensatz zum kastrierten Rüden zwar nicht ganz versiegt, steigt trotzdem entsprechend das Risiko, eine Depression zu bekommen. Außerdem fehlen Antrieb, Ausdauer und Lebenslust – aber vielleicht ist das ja gemeint, wenn von einer erfolgreichen Kastration die Rede ist, weil der Hund „ruhiger" wurde?

Testosteron bei der Hündin

Lange hat man angenommen, dass Östrogene bei der Regulation der Hündin die größte Rolle spielen, während das Testosteron für den Rüden zuständig ist. Inzwischen weiß man, dass sowohl Androgene als auch Östrogene sowohl im männlichen als auch im weiblichen Organismus eine wichtige Rolle spielen. Auch bei der Hündin nimmt Testosteron bereits pränatal, also vorgeburtlich, Einfluss auf die Entwicklung, indem es zu organisierenden Effekten führt.

Manche Hündinnen haben besonders hohe Testosteronspiegel, sei es durch eine Mutterhündin, die diesbezüglich auch schon gut bedient ist und es intrauterin, also über den gemeinsamen Blutkreislauf an ihre Nachkommen weitergibt oder sei es durch eine Hormonbehandlung des Menschen, etwa mit testosteronhaltigen Gels, die durch Abschlecken in den Hund gelangen. Bei vielen anderen Tierarten ist auch nachgewiesen, dass die intrauterine Lage, also die Position im Uterus, den Testosteronspiegel und damit auch durch Testosteron entstehende organisierende Effekte beeinflusst. Denn liegt ein weibliches Tier im Mutterleib zwischen zwei männlichen Feten, kann es auch hierdurch zu einem bereits vorgeburtlich erhöhten Testosteronspiegel mit entsprechenden Auswirkungen kommen. Beim Hund ist das aber bisher nicht konkret nachgewiesen.

Wie dem auch sei, bekommt eine Hündin, durch welchen Mechanismus auch immer, besonders viel Testostern ab, führt das auch bei der Hündin zu organisierenden Effekten und beeinflusst sowohl ihre Morphologie als auch ihr Verhalten. Betroffene Hündinnen sind später besonders gut bemuskelt und zeigen ziemlich maskulines Verhalten, sind häufig vergleichsweise rüpelig, oft am Imponieren und heben das Bein beim Markieren so hoch, dass selbst manch ein gestandener Rüde neidisch wird – und natürlich darf dann danach ein entsprechendes, imponierendes Scharren nicht fehlen. Echte „Rüdinnen" eben. Meine Chihuahua-Hündin Piranha ist so ein Exemplar und manchmal habe ich Zweifel, dass sie wirklich eine Hündin ist. Das ist auch tatsächlich einer der Gründe, weswegen ich hoffe, sie niemals kastrieren zu müssen, denn nach Wegfall der weiblichen Sexualhormone ist damit zu rechnen, dass sich dieses Verhalten weiter verschlimmert.

Zu viel Testosteron führt bei der Hündin zu „rüpeligem" Verhalten.

Eine intakte Mehrhundehaltung ist gut möglich, wenn man bereit ist, die Truppe gut zu managen.

Darf's ein bisschen mehr sein?

Die Anzahl der Hunde in Deutschland steigt und immer mehr Halter beschränken sich nicht mehr auf nur einen Hund. Wer könnte das besser verstehen als ich, die sich mit nur einem geradezu nackt fühlen würde? Ich liebe es, sie beim Spielen, beim Nichtstun, beim Kommunizieren, beim Schlafen oder kurzum sie beim gemeinsamen Verhalten beobachten und an ihrem Leben teilhaben zu dürfen!

Intakte Mehrhundehaltung?

Ich habe mich – auch wenn diese Hunde so nicht geplant waren – sehr bewusst und sogar erneut für die intakt-gemischte Mehrhundehaltung entschieden, weil ich für Homeoffice keine Pandemie brauche und die Hunde quasi rund um die Uhr bei mir sind, ich also gewährleisten kann, dass es nicht zu Situationen kommt, in denen sie unkontrolliert sind. Und das ist ein wichtiger Punkt: Ich habe mir im Vorfeld Gedanken darüber gemacht, ob ich das stemmen kann, um nicht einen Hund passend für mein Leben operieren zu müssen.

Ich lese aber leider oft ganz andere Antworten, wenn es um die Frage geht, welcher Hund als Zweithund passen könnte. Da wird dann nämlich empfohlen, sich auf jeden Fall einen Rüden zu einer Hündin zu holen – oder umgekehrt – um dann einen oder beide zu kastrieren, bevor die Hündin das erste Mal läufig wird. Warum tut man das? Warum holt man sich ein Tier, wenn man bereits im Vorfeld weiß, dass die problemlose Haltung nur funktioniert, wenn man zum Skalpell greift und dadurch nachhaltig in das Leben der Hunde eingreift? Wäre es dann nicht fairer, sich auf ein Geschlecht zu beschränken oder sich gegebenenfalls einen sowieso bereits kastrierten Hund aus dem Tierschutz dazu zu holen?

Wenn man sich für die Haltung von intakten Hunden beiderlei Geschlechts entscheidet, sollte man auf jeden Fall bereit sein, die damit verbundenen Einschränkungen und den Mehraufwand in Form von Aufpassen, Erziehung und Management auf sich zu nehmen. Denn klar muss ich mehr regeln, sowohl unter den Hündinnen, die zur Läufigkeit hin mehr Statusbewusstsein entwickeln als auch zwischen dem Rüden und den Hündinnen, damit hier weder jemand belästigt wird noch übermäßigen Stress hat oder es gar zum ungewollten Deckakt kommt. Aber das nehme ich für meine Hunde gerne in Kauf!

Management

Konkret bedeutet das, dass die Jungspunde von Anfang an lernen, dass Aufreiten aus sexueller Motivation heraus nicht unbedingt zu den erwünschten Verhaltensweisen gehört und es auf Signal hin unterlassen, dass sie sich auf ihre Plätze schicken lassen und gelernt haben, dort zu entspannen, und dass es die Möglichkeit gibt, sie sowohl zu Hause als auch im Auto trennen zu können.

Allerdings trenne ich sie tatsächlich nie komplett, indem ich sie woanders unterbringe, weil mir dazu einerseits schlichtweg die Möglichkeit fehlt, ich das aber andererseits auch gar nicht wollen

Ein souveräner, intakter Rüde stellt sich vor seine Meute – Gefahrenabwehr ist schließlich sein Job!

würde. Ich habe sie meist unter Kontrolle zusammen, und wenn ich zum Beispiel einkaufen muss, helfen hier im Hause Türen oder ein Türen- oder Trenngitter. Im Auto habe ich mehrere Boxen. Aber Achtung, es gab auch schon Welpen, die zwischen den Stäben einer Gitterbox entstanden sind!

Ich habe in den ersten Läufigkeiten die Erfahrung gemacht, dass Jaulen, Futterverweigerung und Stress zunehmen, wenn der Rüde zwar mitbekommt, dass seine Mädels läufig sind, er aber keinen Zugriff mehr auf sie und damit auch keine Kontrolle mehr über sie hat, weil er fremd untergebracht ist oder auch nur eine geschlossene Türe zwischen ihm und seinen Angebeteten ist. Sollte man die Möglichkeit dazu haben und ernsthaft in Erwägung ziehen, die Hunde zu trennen, funktioniert das erfahrungsgemäß ohne großen Stress nur, wenn man das bereits bei den ersten Anzeichen der Läufigkeit tut. Sonst wünsche ich der Rüdenbetreuung an dieser Stelle viel Spaß ...
Auf der anderen Seite ist zumindest bei Rattenmännern nachgewiesen, dass der Kontakt zu brünstigen Rattenweibchen keinen dauerhaften Anstieg ihres Testosteronspiegels zur Folge hat. Dieser führte nur am ersten Tag des Kontakts zu einem Anstieg und pendelte sich danach schnell wieder auf Normalmaß ein (hormonelle Regelkreise).

So steigt auch hier die allgemeine Aufregung, wenn die Hündinnen loslegen. Das beruhigt sich aber schnell wieder, und dann ist der intakte Rüde problemlos in der Lage, neben der läufigen Hündin zu entspannen oder gar

Ein Türgitter kann helfen, etwas Entspannung in die heißen Tage zu bringen.

zu schlafen. Sonst gäbe es vermutlich auch keine gemischt-intakten Mehrhundehaltungen. Anders in den Stehtagen, da steigt der Stress beziehungsweise das Stresshormon Cortisol zwar, analog zu den Wölfen, bei allen – inklusive mir – an, ist aber auch da gut auszuhalten und zu managen.
Dass die Hunde aber spätestens in den Stehtagen nicht mehr unbeaufsichtigt sein dürfen, versteht sich an dieser Stelle hoffentlich von selbst, denn der Erfindungsreichtum sowohl vom Rüden als auch von der Hündin kennt keine Grenzen. Aber auch da reicht hier in der Regel ein klares Nein für die Geburtenkontrolle aus und keiner hier – außer maximal mir – macht den Eindruck, unzumutbarem Stress ausgesetzt zu sein. Ganz im Gegenteil, ein Teil von uns (Piranha) hat jedes Mal die Zeit ihres Lebens.

Auch die Haltung mehrerer intakter Hündinnen kann im Proöstrus/Östrus zu Problemen führen, vor allem in Anwesenheit eines intakten Rüden, der sehr schnell bewirken kann, dass zwei Freundinnen zu Konkurrentinnen werden. Auch hier ist also gegebenenfalls ein gutes Management erforderlich, das gar nicht erst zulässt, dass Situationen entstehen, die kippen könnten.

Eine weitere, unter Umständen kritische Phase bei der Haltung zweier intakter Hündinnen kann die Scheinmutterschaft sein, wenn eine oder beide der Meinung sind, vermeintlichen Nachwuchs in Form von Stofftieren oder Ähnlichem vor der anderen verteidigen zu müssen. Auch Ressourcen wie Futter können dann in ihrer Wertigkeit ansteigen. Ich räume hier in der Zeit sämtliche Dinge weg, die potenziell zu Streitigkeiten führen können.

Nicht zuletzt sollte man auch aufpassen, dass die Hündin nicht dauerhaft vom Rüden belästigt wird und in die Not kommt, sich vehement verteidigen zu müssen, um den lästigen Verehrer in seine Grenzen zu verweisen – das ist nämlich der Job des Halters, nicht der Hündin! Es sei denn, man hat eine Hündin, die das auch gut alleine hinbekommt, weil der Rüde ein Nein auch als solches akzeptiert. Um die ganze Situation etwas zu entschärfen, beschäftige ich meine Hunde in den Läufigkeiten verstärkt, um ihnen den Stress zu nehmen, sie abzulenken und auszupowern. Umso einfacher ist es hinterher, zu Hause wieder für Ruhe zu sorgen.

Auch draußen sollte man damit rechnen, dass die Hunde sich unter dem Einfluss ihrer Hormone im Zyklusgeschehen anders verhalten als in der Zyklusruhe. Ein Rüde, dessen Hündin läufig ist, wird sie unter Umständen gegen potenzielle fremde Konkurrenten verteidigen, aber auch eine Hündin ist von Nebenbuhlerinnen nicht angetan und reagiert in diesen Wochen eventuell anders, als man es sonst von ihr kennt. Das sollte man auf dem Schirm haben und Hundekontakte entsprechend gut moderieren, bevor es zu Ärger kommt.

Nahrungsergänzungsmittel

Gegebenenfalls kann man auch versuchen, Mönchspfeffer einzusetzen, um die Erscheinungen – sowohl bei der Hündin als auch beim Rüden – abzumildern. Er wirkt auf die Hypophyse und nimmt Einfluss auf den Prolaktinspiegel. Die Wirkung ist dosisabhängig: Niedrige Dosierungen hemmen die Aktivierung der D2-Rezeptoren, das sind spezielle Dopamin Rezeptoren. Dopamin ist in diesem Fall ein Gegenspieler des Prolaktins, also ist ein Prolaktinanstieg die Folge gehemmter Dopaminrezeptoren. Das wiederum wirkt sich auf das Östrogen/Progesteron beziehungsweise beim Rüden Testosteron aus, der Spiegel (und mit ihm die Auswirkungen der Sexualhormone) fällt ab. Das erklärt auch den Namen „Mönchspfeffer", denn dafür wurde es lange Zeit als Anaphrodisiakum eingesetzt.

Anders in hohen Dosierungen: Jetzt hemmt er die Prolaktinproduktion und dadurch steigt der Spiegel der Sexualhormone an. So hat eine Studie ergeben, dass die Behandlung von zwanzig gesunden Männern mit höheren Mönchspfefferdosen mit einem leicht gesenkten Prolaktinspiegel und erhöhten Testosteronwerten einherging, niedrigere Dosen jedoch im Vergleich zum Placebo einen leichten Anstieg von Prolaktin und Abfall von Testosteron induzierten.

Der Wirkmechanismus ist bis heute noch nicht abschließend geklärt, aber die Wirkungen selbst sind nachweisbar. Einen Versuch ist es also auf jeden Fall wert und es gibt gute Erfahrungsberichte. Selbst kann ich an dieser Stelle keinen beisteuern, weil der Einsatz hier noch nie nötig war.

Auch in den Scheinmutterschaften der Hündin kann man Mönchspfeffer einsetzen. Hier sollte man allerdings zu höheren Dosierungen greifen, denn nur dann wird die Prolaktinproduktion gehemmt und die Auswirkungen werden abgemildert.

Weiter kann man gegen den Stress in der Läufigkeit auch versuchen, die Konzentration an GABA zu erhöhen, das als Botenstoff im Gehirn dämpfend und beruhigend wirkt und dadurch Stress lösen kann. Die Aminosäure Theanin, aber auch der Wirkstoff Casozepin verstärken die Wirkung von GABA und sind als Nahrungsergänzungen für Hunde erhältlich. Das wird sicherlich nicht das Ruder komplett rumreißen, kann aber unterstützend wirken. Zusätzlich kann man versuchen, durch Chlorophylltabletten den Duft der Hündin etwas abzumindern.

Und weiter bleibt mir nur, allen, die sich für die intakt-gemischte Mehrhundehaltung entschieden haben, viel Spaß beim Beobachten ihrer Hunde und deren Hormonen sowie gute Nerven zu wünschen! Alle anderen, die noch mit dem Gedanken spielen, sollten sich gut überlegen, ob sie sich das wirklich zutrauen können – und wollen.

DIES UND DAS ZUR KASTRATION

Unter einer Kastration versteht man die operative Entfernung der sogenannten Keimdrüsen (Gonaden), also der Eierstöcke bei der Hündin (Ovariektomie) beziehungsweise der Hoden des Rüden. Da sowohl Eierstöcke als auch Hoden maßgeblich an der Produktion der Sexualhormone und somit auch an der Regulation des Stoffwechsels und des Verhaltens beteiligt sind, hat eine Kastration durch den dadurch bedingten Wegfall der Sexualhormone natürlich gravierende Auswirkungen auf Stoffwechsel und Verhalten.

Bei der Hündin ist die eigentliche Kastration, wie bereits geschrieben, die Entfernung der Ovarien; allerdings kann es auch Sinn machen, eine sogenannte Ovariohysterektomie, also die Entfernung von Eierstöcken plus Gebärmutter durchzuführen, wenn bei der älteren Hündin bereits Veränderungen an der Gebärmutter vorhanden sind. Bei jungen Hündinnen reicht in der Regel die Ovarektomie, also nur die Entfernung der Eierstöcke, aus, da durch den Wegfall des Zyklus auch der hormonelle Einfluss auf den Zustand der Gebärmutter wegfällt.

In den letzten Jahren gab es eine Vielzahl von Studien zu den potenziellen negativen Folgen einer Kastration, sowohl für die Gesundheit des Hundes als auch auf sein Verhalten bezogen, weswegen der Eingriff inzwischen überall deutlich kritischer gesehen wird als noch vor zehn Jahren.

Routine-OP?

Da ich immer noch regelmäßig höre, dass die Kastration ja eine Routine-OP und damit ungefährlich sei, erlaube ich mir an dieser Stelle noch mal in aller Klarheit die Anmerkung, dass das Narkoserisiko immer besteht und nur sehr bedingt Rücksicht auf Routine oder nicht nimmt! Auch ohne dass irgendjemand einen Fehler macht, gibt es immer wieder junge und gesunde Hunde, die die Narkose nicht überstehen und „auf dem Tisch bleiben“. Klar kommt das zum Glück selten vor, aber ich möchte nicht in der Haut des Halters stecken, der die Entscheidung für diese OP leichtfertig und ohne Risikoabwägung getroffen und deswegen seinen Hund verloren hat. Weiterhin birgt jede Operation auch das Risiko von Infektionen, Wundheilungsstörungen, Blutungen oder auch Unverträglichkeit des Nahtmaterials. Darum gibt der Gesetzgeber an dieser Stelle ja auch vor, dass eine individuelle Indikation vorliegen und die Verhältnismäßigkeit des Eingriffs gegeben sein muss.

Der richtige Zeitpunkt?

Sollte nach dem Lesen dieses Buches und gründlichem Abwägen aller Vor- und Nachteile der Kastration die Entscheidung dafür fallen, stellt sich die Frage nach dem richtigen Zeitpunkt.

Für Rüde wie für Hündin gilt zunächst, dass der richtige Zeitpunkt keinesfalls vor Beendigung des Längenwachstums und der Pubertät/Adoleszenz ist, wenn kein alternativloser medizinischer Grund vorliegt.
Das bestätigen auch die Studien von McGreevy (2018/ 2019), die einen Zusammenhang zwischen dem Alter bei der Kastration bzw. prozentuelen Lebenszeit, die er von seinen Sexualhormonen profitieren durfte (= PLGH = *Percentage Lifetime Exposure to Gonadal Hormones*) zeigen: Je später die Kastration, desto höher die PLGH und desto weniger unerwünschte Verhaltensfolgen (weiteres siehe im Kapitel „Kastration und Verhalten").

Danach ist bei der Hündin der Zyklusstand entscheidend: ganz unabhängig vom Alter sollte eine Kastration bei der Hündin immer strikt im Anöstrus, also genau in der Mitte zwischen zwei Läufigkeiten durchgeführt werden, weil dann alle Hormone auf Tiefstand sind und man so nicht Gefahr läuft, irgendwelche Rückkoppelungsschleifen (außer LH) dauerhaft zu beeinträchtigen und auch das gesamte Gewebe nicht so gut durchblutet ist wie beispielsweise im Östrus oder Diöstrus, was die Risiken

Je später die Kastration stattfindet, desto weniger gravierend die Auswirkungen!

von Blutungen und Wundheilungsstörungen minimiert. In der Regel sind das drei Monate nach der Läufigkeit. Falls zum Beispiel bei einem neu eingezogenen Hund keine Aussage über den Zyklusstand möglich ist, kann man ihn mithilfe eines Vaginalabstrichs bestimmen.
Das gilt natürlich nur für elektive, also geplante Eingriffe. Bei einer absoluten medizinischen Indikation, wie zum Beispiel einer Pyometra, ist natürlich Eile geboten und eine sofortige Kastration ist unumgänglich; das ist dann höhere Gewalt.

Auch auf diesen Studien beruht meine persönliche Empfehlung, einen Hund keinesfalls vor Beendigung der Pubertät/Adoleszenz zu kastrieren und vorher mindestens drei Läufigkeiten beziehungsweise beim Rüden den entsprechenden Zeitraum ins Land ziehen zu lassen.

Beim Rüden gibt es bisher keine validen Erkenntnisse, wann im Jahr der beste Zeitpunkt für eine Kastration ist. Vermutlich spielt das hier keine oder nur eine untergeordnete Rolle.

Und danach? Post-OP

Auf jeden Fall sollte der Hund ein paar Tage nach dem Eingriff (bei der Hündin sprechen wir immerhin von einer Bauchhöhlen-OP) geschont werden, damit es nicht zu Problemen kommt. Und es sollte – so lästig ein Leckschutz im Einzelfall auch sein mag – unter allen Umständen verhindert werden, dass der Hund an die Wunde kommt, denn Halter, die diese Anweisung ignorieren, oft aus vermeintlicher Rücksichtnahme auf den „armen Hund“, zahlen oft teuer dafür beziehungsweise tut es der Hund. In den meisten Fällen reicht ein entsprechender, beim Tierarzt erhältlicher Body aus, der für Hunde wesentlich angenehmer zu tragen ist als ein Halskragen. Auch sollte der Hund die ersten Tage nach der Operation mit einem Schmerzmittel abgedeckt werden.

Dennoch bin ich immer wieder erstaunt, wie gut und schnell die meisten Hunde so eine OP „wegstecken“, vor allem seit ich selbst eine Bauch-OP hatte, bei der derselbe Zugang gewählt wurde, und die mich wochenlang außer Gefecht gesetzt hat.

Die rechtliche Seite

Wenn das mal so einfach wäre...! Sowohl Paragraf 1 („Niemand darf einem Tier ohne vernünftigen Grund Schmerzen, Leiden oder Schäden zuführen“) als auch Paragraf 6 („Amputationsverbot“) des deutschen Tierschutzgesetzes regeln die Kastration, die sowohl aus juristischer als auch medizinischer Sicht nur im Einzelfall nach gründlicher Abwägung der Vor- und Nachteile gestattet ist. Das heißt zwar nicht, dass Kastrationen pauschal verboten sind, aber sehr wohl, dass Pauschalkastrationen ohne individuelle Indikation und gründliche Abwägung nicht erlaubt sind, weil sie nicht dem deutschen Tierschutzgesetz vereinbar sind.

In §6, dem sogenannten Amputationsverbot, steht geschrieben, dass das vollständige oder teilweise Amputieren von Körperteilen oder das vollständige oder teilweise Entnehmen oder Zerstören von Organen oder Geweben eines Wirbeltieres verboten ist – und darunter fällt natürlich auch die Kastration. Weiter steht da, dass das Verbot nicht gilt, wenn der Eingriff im Einzelfall nach tierärztlicher Indikation geboten ist und tierärztliche Bedenken dem nicht entgegenstehen.

So weit, so klar, denn das Tierschutzgesetz bezieht sich an dieser Stelle keineswegs nur auf das Amputieren/Kupieren von Ruten oder Ohren, sondern natürlich auch auf den wesentlich einschneidenderen Eingriff der Kastration, die eben nicht nur eine Operation mit allen Risiken ist, sondern in deren Folge es durch den Wegfall der Sexualhormone und ihrer vielfältigen Wirkungen zu mannigfaltigen Einschränkungen des Stoffwechsels, des Verhaltens und der Gesundheit kommen kann.

Das bedeutet natürlich keinesfalls, dass ich für das Kupieren von Hunden bin, aber an dieser Stelle wird oft deutlich mit zweierlei Maß gemessen! Klar braucht ein Hund Ohren und Rute, aber die meisten Hunde kommen auch ohne gut zurecht und können entgegen aller Unkenrufe trotzdem kommunizieren. Bei der Kastration geht es aber nicht „nur" um die Entfernung von Körperteilen, sondern um einen deutlich weitreichenderen Eingriff in den gesamten Organismus und Stoffwechsel. Darum sind auch die vom Gesetzgeber geforderte Einzelfallentscheidung und die Wahl der am wenigsten invasiven Methode so wichtig.

Weiters muss zwischen einer absoluten und einer relativen Indikation unterschieden werden: Bei einer Pyometra oder einem Hodentumor ist die Entfernung der Gebärmutter/Ovarien beziehungsweise der Hoden unausweichlich und stellt somit die Therapie der Wahl und eine absolute Indikation dar. Anders zum Beispiel bei der gutartigen Prostatavergrößerung des Rüden, die man eben auch gut konservativ, also mit Medikamenten behandeln kann.

Auch findet sich im deutschen Tierschutzgesetz der Zusatz, dass eine Kastration zur Verhinderung der unkontrollierten Fortpflanzung oder – so weit tierärztliche Bedenken nicht entgegenstehen – zur weiteren Nutzung oder Haltung des Tieres vorgenommen werden darf. Dieser Zusatz wird immer wieder zur Rechtfertigung von Kastrationen herangezogen. Allerdings geht der Gesetzgeber – zu Recht! – davon aus, dass ein Hund unter der Kontrolle seines Halters stehen muss, egal ob gerade ein Hase vorbeikommt oder das Duftmolekül einer läufigen Hündin vorbeiflattert. Und da wir in Deutschland keine stabile Population an verwilderten Haushunden („Straßenhunde") haben, ist eine unkontrollierte Fortpflanzung hier eben auch ganz einfach durch „Schnur dran" oder „Tür zu", sprich einen verantwortungsbewusst handelnden Halter zu verhindern.

Anders bei der Hauskatze, die an dieser Stelle in der Regel sofort ins Feld geführt wird: Die Katze ist kein kleiner Hund! Eine Freigängerkatze kann man anders nicht an der unkontrollierten Fortpflanzung hindern und auch gibt der Zyklus der Katze es nicht her, sie intakt zu lassen – sie würde krank werden, wenn sie nicht regelmäßig Nachwuchs bekommt.

Nichtsdestotrotz kann natürlich auch beim Hund im Einzelfall der Stress durch die Sexualhormone und ihre Wirkungen (für alle Beteiligten) so groß sein, dass nach gründlicher Abwägung die Kastration der beste Weg ist. Apropos Stress: Oft werde ich zitiert mit „die Strodtbeck sagt, es gelten nur rein medizinische Indikationen", was suggeriert, dass Verhaltensindikationen nicht legitim sind. Aber das ist definitiv falsch, denn auch Verhaltensauffälligkeiten gehen mit Stress einher, und dass Stress krank macht, ist ja nun kein Geheimnis mehr. Außerdem habe ich nach wie vor kein pauschales Problem mit Kastrationen, aber ein Problem mit Pauschalkastrationen, weswegen ich die Kastration nach Betrachtung des Einzelfalls in der Beratung annähernd so oft empfehle wie ich davon abrate!

Frühkastrationen

Und wie schaut es mit der seit Jahrzehnten verbreiteten Frühkastration von Hunden zur Gesundheitsprophylaxe aus? Zur aktuellen Studienlage zum Einfluss der Frühkastration auf das Risiko der Entstehung von Mammatumoren siehe entsprechendes Kapitel, aber auch prinzipiell sind Kastrationen aus Präventionsgründen nicht erlaubt. Nur weil ein Organ entarten (Milchleiste) oder sich ein Organ entzünden könnte (Gebärmutter),

Im Gegensatz zum Hund lässt sich bei der Freigänger-Katze Nachwuchs nicht anderes verhindern als durch flächendeckende Kastrationen.

ist es nicht legitim, es präventiv zu entfernen! Nach dieser Logik müssten wir ja allen Säuglingen direkt nach der Geburt den Blinddarm entfernen, weil die Blinddarmentzündung mit allen möglichen Komplikationen die häufigste Erkrankung im Bauchraum ist. Macht trotzdem keiner, und das aus guten Gründen, obwohl ein Blinddarmdurchbruch eine sehr ernst zu nehmende Komplikation ist.

Falls Ihr Haustierarzt, wie leider immer noch weit verbreitet, bereits bei der zweiten Impfung des Welpen einen Kastrationstermin zur Prävention gegen die Pyometra oder Mammatumore vereinbaren möchte, suchen Sie sich jemand anderen für die Beratung pro oder kontra Kastration! Bei Kastrationen aus Verhaltensgründen würde ich sowieso immer Experten (kompetente Trainer oder Fachtierärzte für Verhalten) um ihre Einschätzung bitten, weil Haustierärzte, die vorrangig für die rein medizinische Versorgung ihrer Patienten ausgebildet sind, das in den meisten Fällen nicht leisten können – und es auch nicht ihr Job ist. Wenn ein Kind Probleme in der Schule hat, ist in der Regel auch nicht der Kinderarzt der passende Ansprechpartner.

Mehrhundehaltung?

Auch eine gemischt intakte Mehrhundehaltung stellt keine pauschale Rechtfertigung für Kastrationen dar. In diesem Zusammenhang frage ich mich aber auch regelmäßig, warum sich Halter eine Hündin zum Rüden (oder umgekehrt) holen, wenn sie nicht gewährleisten können, dass es ohne Kastration keinen Nachwuchs gibt? Warum holt man sich ein Tier, wenn von vorherein klar ist, dass die weitere Haltung ohne entsprechende Operation nicht möglich ist? Hier zitiere ich Professor Axel Wehrend von der Uni in Gießen, der an dieser Stelle von „Pet Design“ spricht und damit sicherlich den Kern trifft. Wäre es nicht wesentlich einfacher, sich gleichgeschlechtliche Hunde anzuschaffen, wenn man nicht bereit ist, den Aufwand des Aufpassens zu betreiben? Oder gar die Version mit Knopf im Ohr? Die macht garantiert keine Probleme und auch keine Blutflecken auf weißen Teppichböden ...

Tierschutz

Leider wird auch im Tierschutz durch pauschale Kastrationsklauseln in Abgabe-/ Schutzverträgen regelmäßig das deutsche Tierschutzgesetz missachtet, denn auch diese Klauseln sind sittenwidrig, weil sie einen Verstoß gegen eben dieses Gesetz zum Inhalt haben. Anders ausgedrückt: Natürlich kann ich mit meinem Nachbarn vereinbaren, dass er meine (nicht existente!) Schwiegermutter um die Ecke bringt, aber wenn er das nicht tut, kann ich ihn nicht verklagen, weil auch dieser Vertrag einen Rechtverstoß zum Inhalt hätte und sittenwidrig und damit ungültig ist.

Dazu gibt es durchaus auch Urteile, so zum Beispiel eines vom Amtsgericht Alzey, das bereits 1995 gesprochen wurde, und das sogenannte Kastrationsklauseln in Tierschutzverträgen, also die Verpflichtung, das Tier nach Übernahme kastrieren zu lassen, für unwirksam erklärte, weil die Durchführung der Kastration ohne absolute Indikation beziehungsweise vernünftigen Grund dem Tier nach § 1 des Tierschutzgesetzes Schmerzen, Leiden oder Schäden zufügt. Dieses Urteil wurde 2014 vom Amtsgericht Grimma bestätigt, da die Kastration eines Hundes nicht nur auf „ganz erhebliche Weise“ in seine körperliche Integrität eingreift, sondern ihn auch „für die Dauer seines Lebens prägt“. Weiters wird an dieser Stelle eine medizinische Indikation gefordert, die bei diesem Hund aber nicht gegeben war.

Um den Tierschutz nicht pauschal zu verurteilen, sei an dieser Stelle auf eine sehr fortschrittliche, ausführliche und gut recherchierte Stellungnahme des Deutschen Tierschutzbundes zur Unfruchtbarmachung von Hunden von 2021 verwiesen, die zum rechtlichen Aspekt von Kastrationen alle wichtigen Punkte aufführt.

Hier ist allerdings von Hunden, die bei einem Halter leben, die Rede. Anders ist die Lage bei Hunden in Tierheimen, bei

Frühkastrationen greifen massiv in die Entwicklung ein und sollten daher unterlassen werden.

denen eben auch im Einzelfall beurteilt werden muss, ob eine Kastration für die weitere Haltung unabdingbar ist. Dazu müsste man erst mal klären, ob die Hunde überhaupt in Gruppen gehalten werden oder ob sie – wie sehr oft immer noch verbreitet – alleine in einem Zwinger sitzen und sich sowieso nicht fortpflanzen können. Wenn die Kastration der Preis für eine dann mögliche, artgerechte Gruppenhaltung ist, kann sie im Einzelfall durchaus vorteilhaft für das Tier sein.

Designermixe

Übrigens wird nicht nur seitens des Tierschutzes das Tierschutzgesetz regelmäßig missachtet, sondern auch von den Züchtern sogenannter „Designermixe". So fand sich bis vor Kurzem in der „Zucht"-Ordnung des Australian Labradoodles die Vorschrift, dass die Welpen ab der achten Lebenswoche abgegeben werden dürfen, aber vorher kastriert sein müssen. Inzwischen ist die Rede von einer Verpflichtung zur Kastration mit sieben Monaten. Beides widerspricht aber dem deutschen Tierschutzgesetz, das eben nach wie vor eine individuelle Indikation fordert – wovon hier keine Rede sein kann!

Ich hatte im Lauf der Jahre immer wieder extrem früh kastrierte „Designerhunde" in der Beratung, die durch die ausbleibende Pubertät und die fehlenden selbstbewusst machenden Sexualhormone teilweise massive Auffälligkeiten im Verhalten zeigten und zu dauerhaft gestressten Kindsköpfen gemacht wurden. Wo diese Kastrationen stattfanden, ließ sich leider nie eruieren, aber ich gehe davon aus, dass es im Ausland war und hoffe, dass sich inländische Kollegen nicht auf Züchterwunsch zu derartigen Verstößen gegen das Tierschutzgesetz hinreißen lassen!

Mit diesen Ausführungen sollte dann auch dem häufig angebrachten Argument „das kann ja schließlich jeder selbst entscheiden" der Wind aus den Segeln genommen sein, denn natürlich kann auch jeder selber entscheiden, schwarz zu fahren, Steuern zu hinterziehen oder sich nicht an Geschwindigkeitsbegrenzungen zu halten – solange er mit den möglichen Konsequenzen dieser Gesetzesverstöße leben kann.

Warum werden Hunde überhaupt kastriert?

Zu den Hauptgründen, die zu Kastrationen von Hunden führen, gibt es verschiedene Untersuchungen, die aber alle zu ähnlichen Ergebnissen kommen. So zeigte Gabriele Niepel in der sogenannten „Bielefelder Kastrationsstudie" aus dem Jahr 2003, dass die Gründe abhängig vom Geschlecht des Hundes variieren. So werden Hündinnen zu 81 Prozent aus medizinischen Gründen kastriert (sowohl präventiv, als auch therapeutisch) und nur 14 Prozent der Hündinnen aus Verhaltensgründen. Bei den Rüden gaben in der

Bielefelder Kastrationsstudie nur 21 Prozent der Halter medizinische Gründe an, wohingegen 74 Prozent der Rüden aus Verhaltensgründen kastriert wurden.
Diese setzten sich aus Problemen mit der Hypersexualität (21 Prozent), innerartlicher Aggression (19 Prozent), Streunen (15 Prozent) und interspezifischer Aggression, in der Regel gegenüber dem Menschen (14 Prozent) zusammen (Mehrfachnennungen waren möglich).
In einer Studie von Mertens und Unshelm aus dem Jahre 1997 zeigten sich ähnliche Ergebnisse: Bei den Rüden waren es zu 68 Prozent Verhaltensgründe, zu 24 Prozent medizinische Indikationen und zu 5 Prozent der Wunsch nach Fortpflanzungskontrolle, die zur Kastration geführt haben. Bei den Hündinnen waren es hier zu 10 Prozent konkrete medizinische Indikationen und zu 31 Prozent medizinische Prophylaxe, während nur 2 Prozent auf Grund von Verhaltensproblemen kastriert wurden.

Beim Rüden scheint sich also nach wie vor der Glaube an eine „Verhaltenstherapie mit dem Skalpell" zu halten, während bei den Hündinnen insgesamt vorrangig medizinische Gründe (Pyometra, Gesäugetumore und *Lactatio falsa*) angegeben wurden. Die einzelnen Gründe beziehungsweise Nicht-Gründe schauen wir uns im Folgenden an.

Hinter Kastrationen verbirgt sich oft der Wunsch nach einer Verhaltenstherapie mit dem Skalpell.

MEDIZINISCHE INDIKATIONEN FÜR DIE KASTRATION

Naturgemäß unterscheiden sich die Indikationen für eine Kastration aus medizinischen Gründen bei Rüde und Hündin, weswegen ich sie, wo möglich, versuche, den Geschlechtern zuzuordnen.

Bei der Hündin

Da gerade bei der Hündin hauptsächlich medizinische Indikationen als Grund für die Kastration angegeben werden, schauen wir uns zunächst die wichtigsten Erkrankungen an, bei denen die Kastration als Therapie gilt und weitgehend alternativlos ist.

Die Pyometra (Gebärmuttervereiterung)

Die Pyometra (von altgriechisch pyon, deutsch ‚Eiter' und metra ‚Gebärmutter') ist eine sehr häufige Erkrankung der Geschlechtsorgane der Hündin.

Formen
Die Häufigkeit liegt im Zyklus der Hündin begründet, denn am Ende des Östrus ist die Schleimhaut der Gebärmutter durch den Östrogeneinfluss in ihrer Immunabwehr stark herabgesetzt, während gleichzeitig aber noch Erreger (meist E. coli) den Muttermund und Gebärmutterhals passieren können und so in die Gebärmutter eindringen. Es entsteht eine lokale Infektion. Nach der Beendigung der Läufigkeit schließt sich der Muttermund und die Abwehrkraft der Gebärmutterschleimhaut nimmt wieder zu, was dann zur Entzündung und – je nach Größe der Hündin – oft zu literweisem Eiter inklusive Toxinen in der Gebärmutter führt, der durch den dann wieder geschlossenen Muttermund nicht mehr abfließen kann.

Die Gebärmutter füllt sich im Folgenden immer weiter und wird durch den Größenzuwachs zunehmend porös. Dadurch können jetzt Toxine und Infektionserreger aus der Gebärmutter in den Blutkreislauf gelangen und eine Sepsis, also eine Blutvergiftung auslösen. Außerdem kann es durch die massive Belastung durch den steigenden Druck und die poröse Schleimhaut der Gebärmutter sogar zu einer Ruptur des Uterus kommen, was quasi der Supergau ist, weil dann die Keime in die Bauchhöhle gelangen, wo sie eine Bauchfellentzündung auslösen (Peritonitis). Hier spricht man von der geschlossenen Pyometra.

Achtung: Sowohl eine Sepsis als auch eine Bauchfellentzündung sind akut lebensbedrohliche Zustände, die einer sofortigen Stabilisierung, OP und Notfallversorgung beim Tierarzt bedürfen!

Die *offene* Pyometra hingegen ist seltener. Hier kann der Eiter über den geöffneten Muttermund abfließen. Sichtbar sind dabei geschwollene äußere Schamlippen und eitrig-brauner Ausfluss, der entsprechend auch den Geruchssinn anspricht und meistens dazu führt, dass sich betroffene Hündinnen übermäßig oft und beinahe manisch putzen und belecken. Die offene Pyometra ist nicht ganz so dramatisch wie die geschlossene, weil hier der Eiter immerhin abfließen kann und so keine Gefahr der Uterusruptur besteht. Aber auch hier sollte natürlich schnell gehandelt werden!

Eine weitere Form der Pyometra ist die sogenannte *Stumpfpyometra*, die bei kastrierten beziehungsweise ovariohysterektomierten Hündinnen, denen also die Eierstöcke und die Gebärmutter entfernt wurden, auftritt. Der übrig gebliebene Gebärmutterstumpf kann sich entzünden, wenn bei der Kastration

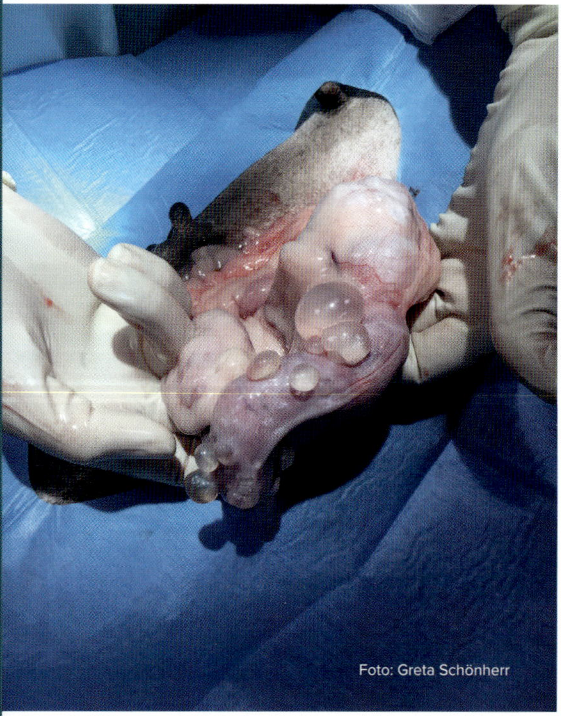

Die glandulär-zystische Hyperplasie der Gebärmutter ist oft das Frühstadium einer Gebärmuttervereiterung.

Gewebe des Eierstocks im Körper der Hündin „vergessen“ wurde, das weiterhin Hormone produziert. Diese hormonellen Imbalancen können dann eine Entzündung der Gebärmutter verursachen.

Häufigkeit

Die Zahlen, die man zum Auftreten der Pyometra bei intakten Hündinnen findet, sind tatsächlich beunruhigend: In einer untersuchten Beaglekolonie war die Inzidenz der Pyometra 15,2 Prozent bei den Hündinnen mit einem durchschnittlichen Alter von 9,36 ± 0,35 Jahren.

Eine schwedische Studie zeigt sogar eine Inzidenz von 25 Prozent. Allerdings muss man an dieser Stelle dazu sagen, dass in Schweden die Kastration, wenn keine strenge medizinische Indikation vorliegt, durch das Tierschutzgesetz verboten ist. Dafür werden dort vergleichsweise häufig Läufigkeiten hormonell unterdrückt oder verschoben, was ein sehr großes Risiko für die Entstehung von Pyometren nach sich zieht und auch das Risiko der Entstehung von Mammatumoren um 40 Prozent erhöht -. Ein Zusammenhang mit ausgeprägten Scheinträchtigkeiten konnte hingegen nicht nachgewiesen werden, auch wenn man das immer wieder hört.

Natürlich gibt es auch Rassedispositionen, und so sind laut einer Studie aus Schweden, in der die Versicherungsdaten von Hunden abgefragt wurden, besonders häufig Langhaarcollies, Rottweiler, Cavalier King Charles Spaniels, Golden

Retriever, Berner Sennenhunde und Englische Cocker Spaniels betroffen.

Die Pyometra ist eine Erkrankung, die man selten bei jungen Hunden findet, das Risiko dafür steigt aber ab dem sechsten Lebensjahr deutlich an.

Ursachen

Neben den oben beschriebenen „normalen“ Hormonschwankungen im Zyklus der Hündin, die der Pyometra beziehungsweise den sie verursachenden *E. coli*-Bakterien Tür und Tor und Muttermund öffnen und ihnen beste Bedingungen bieten, gibt es auch weitere Risikofaktoren, die zu einem gehäuften Auftreten von Gebärmutterentzündungen führen. Dazu gehört beispielsweise die „hormonelle Läufigkeitsunterdrückung“, weil der Urlaub schon gebucht ist, weil man eine Prüfung laufen möchte oder, oder, die Hündin aber läufig wird. Dazu werden der Hündin Hormone verabreicht, deren Wirkungen dem des Progesterons entsprechen. Das Risiko, dass sich danach eine Pyometra entwickelt, ist groß und meines Erachtens gibt es keinen Grund, der es rechtfertigt, dieses Risiko in Kauf zu nehmen. Ein Urlaub kann verschoben, eine Prüfung nachgeholt, eine läufige Hündin untergebracht werden. Eine Läufigkeit bei einer meiner Hündinnen „wegzuspritzen“ und die damit verbunden Risiken in Kauf zu nehmen – dadurch wird auch das Risiko für die Entstehung von Mammatumoren um 40 Prozent erhöht – käme für mich nicht infrage!

Bakterielle Infektionen können alleine keine Gebärmutterentzündung auslösen, allerdings steigern sie im Zusammenspiel mit den hormonellen Faktoren das Risiko, da diese Bakterien durch die Scheide und den geöffneten Muttermund in die Gebärmutter aufsteigen und dort dann zur Entzündung führen können. In der Regel wird aber allerdings ein intaktes Immunsystem mit den Erregern fertig.

Aus der Sorge vor bakteriellen Infektionen wird übrigens auch immer mal wieder dazu geraten, eine läufige Hündin nicht baden zu lassen. Meine Hündinnen dürfen auch in der Läufigkeit ins Wasser, wenn sie es denn möchten, weil ich sie sowieso nicht in stehende, modrige Gewässer lasse und mich auf ihre guten Immunsysteme verlasse.

Auch eine Trächtigkeit kann zu einer Gebärmutterentzündung führen, wenn unbemerkt ein Welpe abstirbt und sich im Mutterleib zersetzt, ebenso wie eine nicht abgegangene Nachgeburt.

Die Symptomatik

Ich behaupte nach wie vor, wie auch die Kollegen, mit denen ich Rücksprache gehalten habe, dass man eine „Pyo“ erkennt, wenn man weiß, worauf man wann achten muss. Darum ist Aufklärung an dieser Stelle auch so wichtig, denn je früher der Halter aufmerksam wird und reagiert, desto besser ist die Prognose für die Hündin.

Eine Hündin mit einer vereiterten Gebärmutter zeigt ein reduziertes Allgemeinbefinden, ist matt bis apathisch und frisst wenig bis gar nichts. Ein ganz klassisches Symptom ist die sogenannte Polydipsie/Polyurie, was „viel saufen und viel pinkeln" bedeutet. Ein Hund, der plötzlich vermehrt trinkt (und entsprechend pieselt) ist immer ein Notfall! Es können unterschiedliche Ursachen dafür verantwortlich sein, wie zum Beispiel. Nierenprobleme oder hormonelle Erkrankungen wie Morbus Cushing oder eine Schilddrüsenunterfunktion, aber bei einer intakten Hündin, vor allem nach der Läufigkeit, steht auch immer der Pyometraverdacht ganz oben auf der Liste und gehört abgeklärt.

Häufig fällt auch auf, dass die Hündin sich vermehrt die Anogenitalregion beleckt, oft kommt Fieber, manchmal auch Erbrechen und Durchfall dazu. Nicht zuletzt fällt irgendwann auch ein aufgetriebenes, dickes Abdomen auf – wir erinnern uns an die Mengen an Flüssigkeit, die sich bei einer Pyometra in der Gebärmutter sammeln können.

Eine intakte Hündin sollte man also immer gut im Auge behalten und gegebenenfalls nach den Läufigkeiten schallen lassen, um den Zustand der Gebärmutter zu beurteilen. Die meisten Gebärmuttervereiterungen treten zwei Wochen bis vier Monate nach der Läufigkeit auf, sodass bei einer intakten Hündin bei derartigen Problemen nach dem Östrus immer auch an eine Pyometra zu denken ist.

Wichtig zur Früherkennung von Problemen intakter Hündinnen ist auch das Führen eines Zyklustagebuchs. Viele Halter können tatsächlich nicht benennen, wann die Hündin das letzte Mal läufig war, dabei kann auch ein unregelmäßiger Zyklus bereits einen Hinweis auf eine Pyometra beziehungsweise ein erhöhtes Risiko dafür liefern. Ein gut informierter Halter senkt also das Risiko des schweren Verlaufs einer Gebärmuttervereiterung drastisch, weil er frühzeitig Unregelmäßigkeiten feststellen und die Hündin hoffentlich einem Tierarzt vorstellen wird.

Die Diagnose

Zu einer Diagnose gehört auch immer eine gründliche Anamnese, die zum Beispiel den Zyklusstand erfasst. Auch eine Blutuntersuchung (Entzündungswerte), eine vaginale Untersuchung inklusive eines Abstrichs, gegebenenfalls ein Röntgenbild und Verhaltensänderungen können Hinweise liefern. Unabdingbar ist aber eine Ultraschalluntersuchung, die es ermöglicht, den Uterus und seinen Füllungszustand zu beurteilen. Das zeigt auch, wie fortgeschritten die Erkrankung bereits ist. Bei einer „Pyo" stellt sich der Uterus durch die Flüssigkeitsansammlung stark vergrößert und mit extrem dünner Wand dar.

Die Therapie

Die Therapie der Wahl ist – nach Stabilisierung des Patienten durch Infusionen – immer die Ovariohysterektomie, also das Entfernen von Eierstöcken und Gebärmutter. Im Falle dieser Diagnose würde ich bei meinen Hündinnen auch nicht lange zögern, sondern sie sofort kastrieren lassen. Das ist dann höhere Gewalt und alternativlos. Wo keine Gebärmutter mehr, da auch keine Entzündung. Die Patientin kann sich schnell erholen.

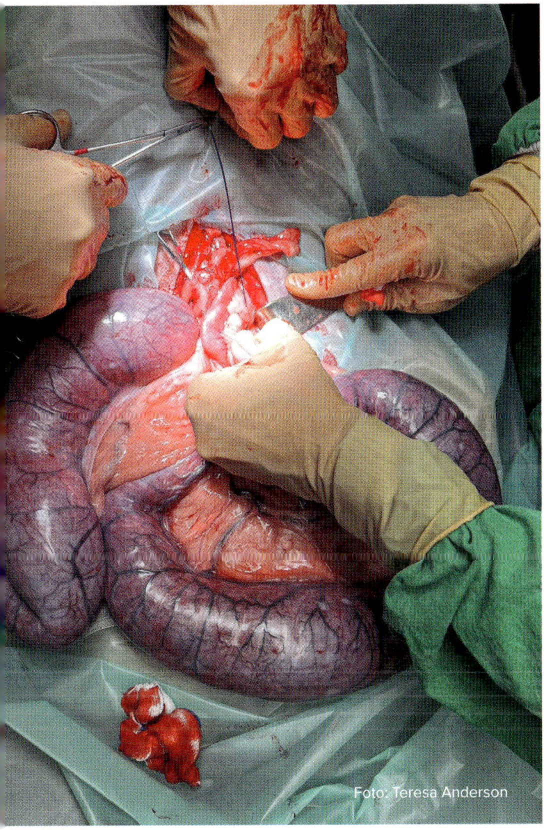

Bei einer Pyometra sammeln sich große Mengen Eiter in der Gebärmutter, deren Hörner normalerweise nur etwa so dick sind wie ein Finger.

Konservative Behandlungsversuche mit Medikamenten (sogenannte Antigestagene) sind in der Regel wenig Erfolg versprechend, da das Problem meist spätestens in der nächsten Läufigkeit wieder auftritt. Eine Option kann das nur in Fällen sein, in denen eine Operation keine Alternative ist, weil das Risiko bei alten, multimorbiden Patientinnen mit hohem Narkoserisiko zu groß ist, ansonsten würde ich immer zur chirurgischen Therapie raten.

Die Prognose

Wenn die Hündin erfolgreich operiert werden kann, ist die Prognose gut und die Patientin in der Regel schnell wieder fit.

Ovarialtumore (Eierstockskrebs)

Eierstocktumore sind bei der Hündin zum Glück vergleichsweise selten und machen insgesamt nur ein Prozent der Tumore des Hundes aus. Meist sind ältere Hündinnen davon betroffen. Etwa 50 Prozent der Ovarialtumore sind epitheliale Adenome oder Karzinome, wovon zwei Drittel bösartig sind. Leider zeigen Studien, dass zum Zeitpunkt der Diagnose bereits die Hälfte dieser bösartigen Tumore metastasiert sind, also schon Tumorzellen über das Lymph- oder Blutsystem weitergegeben haben.

Ebenso bedeutsam sind die sogenannten Granulosazelltumore, die sehr häufig hormonell aktiv sind und durch den durch sie hervorgerufenen Hyperöstrogenismus, also einen viel zu hohen Östrogensiegel, eine Menge Probleme nach sich ziehen können. Dazu gehören Alopezie (Haarausfall), anfangs ohne Juckreiz, Schwellung des Gesäuges und der Vulva, gegebenenfalls mit Ausfluss, sexuelle Dauerattraktivität und Knochenmarksdepression, die zu einem Mangel an Leukozyten (weiße Blutkörperchen), an Thrombozyten (Blutplättchen, für die Gerinnung notwendig) und einer Anämie (durch einen Mangel an roten Blutkörperchen) führt.

Ovarialzysten

Zysten sind flüssigkeitsgefüllte „Bläschen" auf den Eierstöcken, die sich meist mittels Ultraschalles gut darstellen lassen. Es gibt verschiedene Arten von Eierstockzysten, wie die Östrogen produzierenden Follikelzysten, Germinal-Einschlusskörperchen, *Rete ovarii*-Zysten oder Luteinzysten. Auch zystische Gelbkörper oder Paraovarialzysten kommen vor. Allerdings sind vor allem die hormonell aktiven, Östrogen produzierenden Zysten klinisch relevant, da sie zum Teil schwerwiegende Symptome wie Zyklusanomalien (Dauerläufigkeit beziehungsweise verkürzte Intervalle zwischen den einzelnen Läufigkeiten) und das Risiko einer Pyometra nach sich ziehen.

Unter längerem Einfluss der Östrogene kann es auch hier zu einem Hyperöstrogenismus mit den oben geschilderten Symptomen wie einem hormonell bedingten Haarausfall (Alopezie, vor allem im Bereich der Genitalien und Innenschenkel) sowie einer erhöhten Blutungsneigung durch eine Abnahme der Blutstammzellen aus dem Knochenmark kommen.

Studien zeigen, dass die hormonelle (= medikamentöse) Therapie von Ovarialzysten bei der Hündin eine Alternative zur Kastration sein kann, vor allem wenn es Kontraindikationen, sei es aus medizinischen oder auch aus Verhaltensgründen, für die Kastration gibt. Der Therapieversuch macht aber nur Sinn, wenn keine Uteropathie vorliegt, der Uterus also unauffällig ist, und wenn noch keine östrogenbedingte Blutbildveränderungen vorliegen. Allerdings muss man mit dem Auftreten von Rezidiven rechnen. Alternativ ist auch hier die Kastration das Mittel der Wahl.

Mammatumore

Vermutlich wurden in den letzten Jahrzehnten aus keinem anderen Grund so viele Hündinnen (früh) kastriert wie zur Prophylaxe gegen die Gesäugetumore der Hündin. Dieser Umstand basiert auf einer „topaktuellen" Studie von 1969 von Schneider und Kollegen, die besagt, dass sich durch eine Kastration vor der ersten Läufigkeit das relative Mammatumorrisiko bei der Hündin auf ein halbes Prozent und bei einer Kastration nach der ersten Läufigkeit auf acht Prozent senken lässt, dass aber eine Kastration nach der zweiten Läufigkeit keinen Einfluss mehr auf die Entstehung von Mammatumoren hat und das Risiko dann bei 26 Prozent liegt. Klingt erst mal beeindruckend, oder? Da ist man ja fast schon ein schlechter Hundehalter, wenn man seine Hündin nicht kastrieren lässt.

Aber die Dinge sind mal wieder nicht so einfach wie sie scheinen, denn das bedeutet keinesfalls, wie oft angenommen, dass gut ein Viertel aller intakten oder spät kastrierten Hündinnen Gesäugekrebs bekommt! Die genannten 26 Prozent beziehen sich nämlich nicht auf die „absoluten" Fallzahlen an Mammatumoren, sondern nur auf das relative Risiko im Vergleich zum Risiko von unkastrierten Tieren – was einen deutlich geringeren Wert ergibt. An dieser Stelle ist also zunächst interessant, wie hoch das Risiko überhaupt ist, also wie viele Hündinnen irgendwann im Leben einen Mammatumor entwickeln.

Auch hierzu gibt es verschiedene Angaben. Eine Statistik, die 2002 erschien, sprach von höchstens 1,86 Prozent Milchleistentumoren bei der Hündin. Das Risiko für die Entstehung eines Mammatumors sinkt also bei einer Hündin, die vor der ersten Läufigkeit kastriert wird, auf ein halbes Prozent von 1,86 Prozent, sprich auf ein absolutes Risiko von 0,01 Prozent. Bei einer Kastration nach der ersten Läufigkeit liegt das statistische Risiko dann bei circa 0,15 Prozent, wird nach der zweiten Läufigkeit kastriert bei 0,5 Prozent, also erkranken im Schnitt

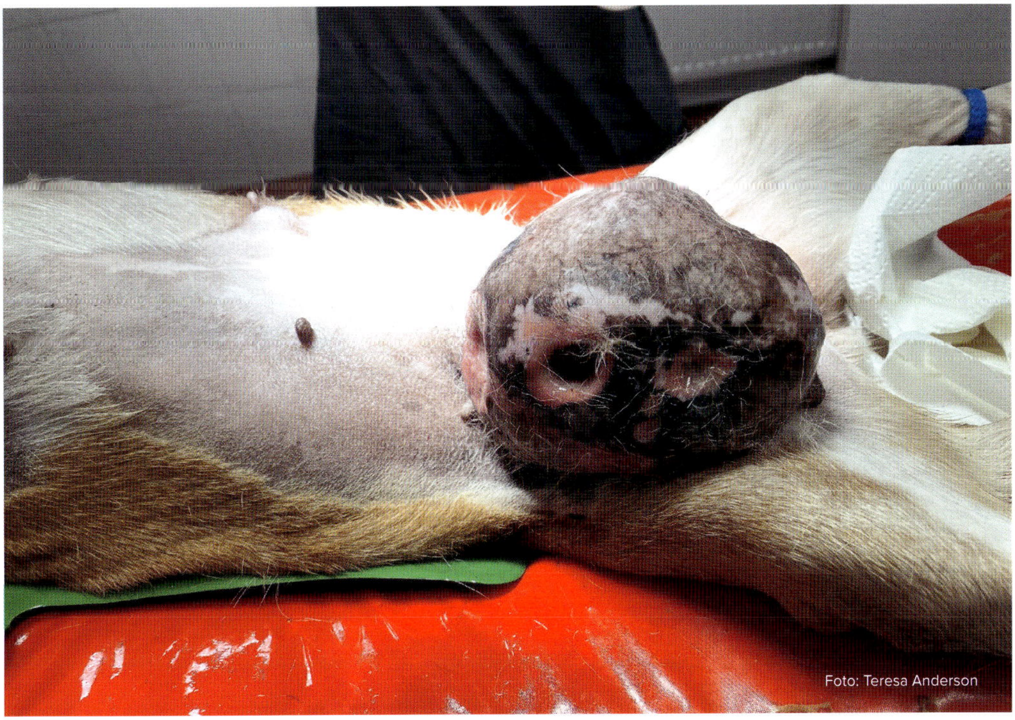

Foto: Teresa Anderson

„Die hat da plötzlich was!" Nein, so ein Tumor entsteht nicht über Nacht, sondern lässt sich bereits frühzeitig gut ertasten.

fünf von 100 Hündinnen. Das sind gleich ganz andere Zahlen als die oben angegebenen und hier stellt sich dann die Frage, ob dieses Risiko wirklich einen so weitreichenden Eingriff rechtfertigt.

Zusammenfassend lässt sich sicher sagen, dass vermutlich ein gewisser Einfluss von Frühkastrationen auf das Mammatumorrisiko besteht, dass es aber vermutlich noch zahlreiche andere, unbekannte Einflussgrößen gibt.

Aber das ist auch nur eine Seite der Medaille: Es gibt seit 2012 einen systematischen Review von Beauvais et al., also eine Übersichtsarbeit über alle Studien zu diesem Thema, der zu einem anderen Schluss kommt. In diese Arbeit flossen von insgesamt 13 Studien zu diesem Thema vier ein, die den strengen Kriterien der evidenzbasierten Medizin entsprachen; der Rest wies methodische Mängel wie zu geringe Fallzahlen oder Ähnliches auf und wurde ausgeschlossen.

Von den vier verbliebenen Studien ergab nur eine einzige Studie, nämlich die von Schneider, eine signifikante Reduktion des Mammatumorrisikos durch eine frühe Kastration, eine weitere einen „geringen Effekt“ und zwei weitere hatten gar keinen Einfluss. Ein beinahe schon revolutionäres Ergebnis, wenn man überlegt, wie viele Hündinnen seit 1969 aufgrund der Studie von Schneider kastriert wurden!
Die Statistik ist und bleibt die Hure der Wissenschaft, und es ist nicht fair, einseitig mit dieser Studie zu argumentieren, während man viele neue Erkenntnisse zu den Risiken, die eine Kastration mit sich bringt, wie etwa ein erhöhtes Risiko für Knochenkrebs, Milztumore, oder Lymphdrüsenkrebs, einfach außer Acht lässt. Wenn ich die Wahl habe, entscheide ich mich lieber für einen Tumor, bei dem ich die reelle Chance habe, ihn rechtzeitig entdecken und behandeln zu können, was beim Gesäugetumor in der Regel der Fall ist.

Außerdem gibt es andere Risikofaktoren, die man auch ohne Skalpell minimieren kann: Zunächst gehören Mammatumore zu den Tumoren, die vor allem bei älteren Hündinnen auftreten. So steigt die Inzidenz ab dem vierten Lebensjahr leicht an, aber besonders oft sind Hündinnen ab dem siebten Lebensjahr betroffen; die höchsten Inzidenzen finden sich dann bei Hündinnen im Alter von 10 bis 14 Jahren. Spätestens ab dem vierten Lebensjahr gilt es also, regelmäßig das Gesäuge auf Umfangsvermehrungen und Veränderungen hin zu untersuchen.

Übrigens können Rüden, genau wie Männer, auch Mammatumore bekommen, machen aber nur ein Prozent der Tumorträger aus. Dennoch sollten auch bei ihnen Veränderungen an den Zitzen ernst genommen werden. Auch gibt es Rassedispositionen, ebenso wie Unterschiede durch genetische Faktoren in einzelnen Zuchtlinien. Spaniel, Dackel und Pudel sind überdurchschnittlich häufig betroffen, haben jedoch oft gutartige Mammatumore, wohingegen Schäferhunde, Rottweiler, Dobermann und Boxer überproportional oft maligne, also bösartige Tumoren haben.

Weiter spielt die Ernährung eine entscheidende Rolle: Ein hoher Fettverbrauch beziehungsweise Adipositas (Fettsucht), vor allem in der Pubertät, ist auch beim Hund mit einem höheren Risiko verbunden. Das ist also ein weiterer Grund, das Gewicht seines Hundes gut im Auge zu behalten.

Ein weiterer Risikofaktor ist das Verabreichen von Sexualhormonen, beispielsweise zur Läufigkeitsunterdrückung („Läufigkeit wegspritzen"). Besonders die Verabreichung von Östrogen-Gestagen-Kombinationen erhöht das Risiko für die Entstehung von benignen Mammatumoren um rund 40 Prozent und sollte unbedingt unterlassen werden! Es gibt immer andere Optionen und man kann sogar mit drei stehenden Hündinnen und einem intakten Rüden im Kastenwagen halbwegs entspannten Urlaub machen, zumindest würden meine Hunde das so beurteilen. Und mich fragt ja sowieso keiner ...

Der Vollständigkeit halber sei hier noch erwähnt, dass entgegen der landläufigen Meinung auch eine Trächtigkeit keinen Schutz vor Mammatumoren bietet.

Engmaschige Kontrolle und frühzeitige Entfernung

Außer Frage steht, dass – wie bei jedem Tumor – die frühzeitige Entdeckung und Entfernung essenziell für die Prognose sind. Analog zur Frau gilt es, das Gesäuge regelmäßig abzutasten und auf Veränderungen hin zu untersuchen. Leider wird von vielen Kollegen immer noch nicht deutlich genug auf diese Pflicht eines jeden Halters einer intakten Hündin hingewiesen, sondern stattdessen oft das Skalpell gezückt. Dabei lassen sich Umfangsvermehrungen – wenn man sich im Gesäuge der Hündin auskennt – gut ertasten. Die meisten Veränderungen befinden sich in den hinteren Drüsenkomplexen, entweder direkt an der Zitze oder im darunter liegenden Drüsengewebe, aber prinzipiell kann ein Mammatumor auch in den vorderen Komplexen entstehen.

Ganz wichtig: je früher eine Veränderung ertastet und entfernt wird, desto größer die Chance, dass sie gutartig ist! Das liegt daran, dass Mammatumore ein sogenanntes „histologisches Kontinuum" sind, sich also verändern und mit zunehmender Dauer und Größe dazu tendieren, bösartig zu werden. Darum sollte man frühestmöglich therapeutische, sprich chirurgische Maßnahmen einleiten, da mit jedem Zentimeter, den der Tumor wächst, das Risiko, dass er maligne, also bösartig wird, um das 1,5-fache ansteigt. Auch die Wahrscheinlichkeit einer weiteren Zunahme der Aggressivität des Tumors wird größer.

Kastration zum Zeitpunkt der Tumorentfernung?
Obwohl die Studienlage vermuten lässt, dass ein positiver Einfluss der Kastration auf das maligne Tumorwachstum, der ja sowieso deutlich geringer zu sein scheint als viele Jahre angenommen, nur bis zur zweiten Läufigkeit gegeben ist, werden nach wie vor viele Hündinnen im Zuge der Mammatumor-OP gleich mit kastriert. Ob aber eine Kastration zum Zeitpunkt der Tumorentfernung tatsächlich einen prognostischen Vorteil bringt, ist aber im Moment gar nicht so einfach zu beantworten und wird nach wie vor sehr kontrovers diskutiert.

Untersuchungen deuten darauf hin, dass die Kastration zum Zeitpunkt der Tumorentfernung nur bei Hündinnen mit benignen Tumoren einen positiven Effekt hat. Sie entwickelten infolge der Gonadektomie zu etwa 50 Prozent seltener neue Tumore als die Gruppe, die intakt blieb. Auch bei Hündinnen mit Östrogen-Rezeptor-negativen Tumoren scheinen die Östrogene eher einen hemmenden Effekt zu haben, sodass eine gleichzeitige Kastration in diesen Fällen die Prognose verschlechtern kann.

Anders bei Östrogen-Rezeptor-positiven malignen Tumoren beziehungsweise Patienten mit erhöhten Östrogen-Werten zum Zeitpunkt der Tumorentfernung: Hier gibt es Hinweise auf einen positiven Einfluss der Kastration auf die Prognose. Bösartige Mammatumore besitzen aber nur in etwa der Hälfte der Fälle Östrogen-Rezeptoren, und diese, verglichen mit normalem Gewebe oder gutartigen Tumoren, auch nur in bedeutend niedrigerer Konzentration. Metastasen weisen noch seltener passende Rezeptoren auf.

Wenn eine bereits kastrierte Hündin einen Mammatumor bekommt – auch das kann passieren – ist die Prognose deutlich schlechter als bei intakten Hündinnen: Hier lag in Studien der Anteil maligner Tumore mit 54 Prozent deutlich höher als bei den unkastrierten (37 Prozent). Die Tumore verhielten sich auch aggressiver und zeigten eine frühere Tendenz, maligne zu werden. Das spricht wiederum dafür, dass Östrogen nicht nur eine pro-karzinogene Rolle spielt, also das Tumorwachstun anregen kann, sondern bei anderen Patientinnen auch einen protektiven Effekt auf die Tumorentstehung hat, und so eben viele Hündinnen nicht von einer zeitgleichen Kastration profitieren.

Die Datenlage bleibt also schwierig und aus diesem Grund hat eine Kastration zum Zeitpunkt der Tumorentfernung auf den weiteren Verlauf der Erkrankung beziehungsweise das Metastasenwachstum wenig vorhersagbaren Einfluss und muss stets im Einzelfall beurteilt werden. Da beides für sich schon große Operationen sind und in dem Fall gerne kombiniert werden, ist die Belastung für die Hündin bei fragwürdigem Nutzen groß, und der Eingriff sollte nur nach gründlicher Abwägung durchgeführt werden.

Junghundevaginitis

Eine Vaginitis, eine auf den Scheidenvorhof begrenzte Entzündung, kann bei jungen Hündinnen vor der ersten Läufigkeit auftreten. Das typische Symptom ist ein schleimig bis eitriger Scheidenausfluss, häufig mit Juckreiz und daraus resultierendem vermehrtem Belecken einhergehend.

Die Junghundevaginitis entsteht durch ein bei Junghunden noch nicht ausgereiftes Immunsystem, das Erregern, die zur normalen Scheidenflora gehören (Staphylokokken, Streptokokken, E. coli) die Chance gibt, pathogen zu wirken.

Entsprechend spielen auch andere Faktoren, wie zum Beispiel schlechte Haltungsbedingungen, Mangelernährung, Fehlbildungen im Genitaltrakt oder andere Erkrankungen, die das Immunsystem beeinflussen, bei der Entstehung eine Rolle.

Bei starker Ausprägung muss man gegebenenfalls behandeln, in der Regel heilt die Erkrankung aber mit Eintritt in die Geschlechtsreife spontan von alleine ab. Achtung: Eine Kastration vor der ersten Läufigkeit ist bei der Junghundvaginitis kontraindiziert, da sie sich dann häufig zur chronischen und therapieresistenten Form entwickelt!

Bei einer Junghundvaginitis führt die Frühkastration zur chronischen Form.

Beim Rüden

Auch bei Rüden gibt es Diagnosen, bei denen eine Kastration unumgänglich ist, um die Lebensqualität und -dauer für den Patienten möglichst hoch zu halten.

Auch beim Rüden gibt es medizinische Indikationen für die Kastration.

Hodentumore

Hodentumore sind bei unkastrierten, vor allem älteren Rüden keine Seltenheit. Insbesondere Kryptorchiden, also Rüden, bei denen einer oder beide Hoden nicht abgestiegen sind und dadurch im viel zu warmen Leistenspalt oder in der Bauchhöhle liegen bleiben, sind anfällig für Entartungen der Hoden. Zudem gibt es Rassedispositionen: Boxer, Deutsche Schäferhunde, Afghanen, Weimeraner, Shelties, Collies und Malteser sind besonders oft betroffen.

Es handelt sich in den meisten Fällen um Sertolizell-, Leydigzelltumore und Seminome. Mischformen und das Auftreten von verschiedenen Tumoren in einem Hoden sind aber auch möglich. Die meist bösartigen *Sertolizelltumore* haben die massivsten Auswirkungen auf den gesamten Organismus, da sie Östrogene mit den entsprechenden Nebenwirkungen produzieren. Außerdem metastasieren sie gerne.

Die tumorös bedingt hohen Östrogenwerte führen zum Hyperöstrogenismus und in dessen Folge zur Feminisierung mit Libidoverlust. Betroffene Rüden werden für andere Rüden attraktiv. Oft tritt auch symmetrischer Haarausfall, gegebenenfalls mit Juckreiz auf und an den haarlosen Stellen kommt es zu einer Hyperpigmentierung der Haut. Der Penis verkleinert sich, dafür werden die Zitzen größer. Der nicht betroffene Hoden atrophiert, schrumpft also. Eine lang andauernde, starke Östrogenausschüttung kann durch die entstehende Schädigung des Knochenmarks wie auch bei der Hündin zur Anämie führen, die wiederum Leistungsschwäche, erhöhte Atemfrequenz, beschleunigte Herzschlagfrequenz und blasse Schleimhäute nach sich zieht. Schließlich nehmen auch die Leukozyten (weiße Blutkörperchen) und die Thrombozyten (Blutplättchen) ab – die Infektanfälligkeit steigt. Außerdem kommt es häufig zur Prostatavergößerung mit den oben geschilderten Symptomen. Bleibt der Tumor unentdeckt, kann die Schädigung des Knochenmarks bereits irreversibel sein.

Tumore der Leydigschen Zwischenzellen sind meist klein und gut abgegrenzt, sodass sie oft nur als Zufallsbefund festgestellt werden. Sie produzieren androgene Hormone, sind aber meist nicht bösartig und verursachen selten eine Feminisierung beziehungsweise eine Prostatavergrößerung.

Bei *Seminomen* existieren oft mehrere schmerzhafte, schnell wachsende Tumorherde. Sie sind zwar ab und zu bösartig, bilden aber kaum Metastasen und führen nur äußerst selten zum Hyperöstrogensimus.

Befunde und Diagnose
Aufmerksamen Haltern wird eine Umfangsvermehrung an einem Hoden auffallen oder unterschiedliche große Hoden. Außer auf die Größe ist auch unbedingt auf die Konsistenz zu achten, denn die meisten Tumore stellen sich als ziemlich derbe Umfangsvermehrungen dar.
Oft wird aber der Tumor selbst zunächst gar nicht erkannt, sondern vielmehr fallen die Folgen des Hyperöstrogenismus und der Feminisierung auf. Darum sollten bei unklaren Hautveränderungen oder einer Anämie beim intakten Rüden auch immer die Hoden genauer untersucht werden. Hodentumore lassen sich meist palpatorisch, also durch Abtasten, diagnostizieren, aber natürlich lassen sie sich auch sonografisch mittels Ultraschall darstellen. Man kann auch versuchen, Zellen des Tumors mittels Feinnadelaspiration (FNA) zu entnehmen, um den Tumor weiter zu differenzieren. Dafür werden mit einer Spritze und Kanüle ein paar Zellen aus dem veränderten Gewebe gezogen und untersucht. Wird der Hoden sowieso komplett entfernt, sollte er auf jeden Fall pathologisch untersucht werden.

Therapie
Die Kastration, also die Entfernung der Hoden, ist die Therapie der Wahl und führt meist zur kompletten Heilung. Wenn der Tumor infiltrativ ist, also in das umliegende Gewebe einwächst, sollte auch der Hodensack mit entfernt werden. Auch die regionalen Lymphknoten sollten punktiert und auf Metastasen untersucht werden.

Früherkennung
Beim intakten Rüden sollten unbedingt regelmäßig die Hoden abgetastet und auf Veränderungen in Größe, Form und Konsistenz hin untersucht werden. Denn wie bei allen Tumoren gilt: Je früher man sie entdeckt, desto besser ist die Prognose!

Spezialfall Hyperöstrogenismus durch östrogenhaltige Cremes

Gar nicht so selten kommt es bei Haustieren – und durch ihren engen Kontakt zum Menschen besonders bei Hunden – zu einem Hyperöstrogenismus mit allen beschriebenen Folgen durch den Einsatz von östrogenhaltigen Cremes, Sprays oder Salben zur Hormonersatztherapie bei Frauen in den Wechseljahren. Eine Übertragung auf Tiere ist sowohl über die Haut als auch bei oraler Aufnahme möglich.

Neben den bereits geschilderten Hautproblemen und der Feminisierung von Rüden kann das auch bei Hündinnen zu Problemen wie verlängerter Läufigkeit, zu Läufigkeitserscheinungen bei kastrierten Hündinnen oder – bei sehr jungen Hunden – zum verfrühten Eintritt in die Pubertät führen. Halterinnen sollten also auf jeden Fall sicherstellen, dass der Hund keinen Kontakt zu behandelten Hautregionen hat!

Perianaltumore

Perianaltumore sind offenbar relativ unbekannt, dabei machen sie circa 15 Prozent aller Hauttumore beim Hund aus. Bei über 90 Prozent handelt es sich dabei um gutartige Adenome, aber es können ausnahmsweise auch bösartige Adenokarzinome der Perianaldrüsen (auch hepatoide Drüsen genannt) sein.

Besonders oft findet man sie beim älteren, intakten Rüden, was daran liegt, dass ihr Wachstum testosteronabhängig ist. Entsprechend gilt die Kastration beim Rüden als Therapie der Wahl – die meisten Tumore bilden sich post OP von ganz alleine zurück. Dennoch ist das Risiko der Entstehung von Perianaltumoren natürlich keine Indikation für eine Kastration, denn wir erinnern uns: Das deutsche Tierschutzgesetzt lässt keine Kastrationen aus Präventionsgründen zu.

Dass mein Beagle Meier mit seinem Händchen für Tumore auch bei der Vergabe der bösartigen Karzinome der hepatoiden Drüsen ganz laut hier geschrien hat, muss wohl nicht extra erwähnt werden. Da half dann leider auch keine Kastration, sondern die Tumore mussten chirurgisch entfernt werden – und kamen zweimal wieder. Gestorben ist er am Ende trotzdem an etwas ganz anderem.

Vor allem bei intakten Rüden sollte man regelmäßig auf Veränderungen am Anus achten.

Bei der Hündin ist die Situation eine andere, hier hemmt offenbar der Einfluss der Östrogene das Tumorwachstum.

Egal bei welchem Geschlecht, wichtig ist es, die Perianalregion seines Hundes regelmäßig darauf zu inspizieren, ob man Veränderungen in Form kleiner Umfangvermehrungen rund um den Anus findet. Bei einem Beagle mit kurzem Fell und stets hoch getragener Rute ist das natürlich ein Leichtes, da schaut man da öfter hin als einem lieb ist, aber bei einem langhaarigen Hund mit tief getragener Rute sollte man regelmäßig ganz bewusst kontrollieren, ob „hinten" alles in Ordnung ist.

Gutartige Prostatavergrößerung

Die gutartige Vergrößerung der Prostata (Benigne Prostatahyperplasie, BPH) ist wohl das häufigste testosteronabhängige Problem beim älteren Rüden. 80 Prozent der Rüden über fünf Jahren sind davon betroffen. Außer beim Rüden tritt das Problem auch bei unseren Artgenossen auf, andere Tierarten sind aber zum Glück davon verschont. Die Ursache für die Vergrößerung ist ein sich mit zunehmendem Alter verschiebendes Verhältnis von Testosteron und Östrogen.
Die Bezeichnung *gutartige* Prostatavergößerung ist irreführend, denn trotzdem ist das Wohlbefinden betroffener Rüden massiv eingeschränkt, da die Vergrößerung sehr schmerzhaft ist.

Im Gegensatz zum Mann, bei dem Harnabsatzprobleme das wichtigste Symptom sind, drückt beim Rüden die vergrößerte Prostata zunächst vor allem auf den Enddarm und führt entsprechend hauptsächlich zu folgenden Problemen: Der Kotabsatz ist durch den Druck erschwert, oft gehen betroffene Rüden mehrfach in die Hocke, um Kot abzusetzen, schaffen es aber dennoch nicht. Der Kot erinnert bei betroffenen Hunden durch die abgeflachte Form mehr an eine Wurst vom Typ „Landjäger" als an einen Pfefferbeißer, um es im Metzgerjargon auszudrücken. Zusätzlich kann es auch zu blutigem Sekret an der Penisspitze, zu Blut im Urin und Sperma, zu Bauchschmerzen, Fieber, Appetitlosigkeit und allgemeinem Unwohlsein kommen. Außerdem zieht die unbehandelte BPH unter Umständen auch Folgeerkrankungen wie zum Beispiel Prostatazysten, Prostataentzündungen oder auch wiederkehrende Blasenentzündungen nach sich.

Therapie

Bisher galt die Kastration, also die Wegnahme der die Prostata stimulierenden Androgene als das Mittel der Wahl. Inzwischen gibt es glücklicherweise auch gut wirksame Medikamente für die konservative Therapie. Der Wirkstoff Osasteron wird sieben Tage lang in Tablettenform gegeben, was zu einer Beruhigung und Rückbildung der vergrößerten Prostata führt. Da Osasteron ausschließlich die Androgenrezeptoren in der Prostata hemmt, der Hund aber ansonsten weiterhin sein Testosteron besitzt, kommt es nicht zu den gängigen Kastrationsfolgen.

Ich bin beziehungsweise mein Beagle ist in den letzten Jahren gut damit gefahren; es hat uns die Kastration und den damit verbundenen Abbau der besonders im Alter so wichtigen Muskulatur durch den Abfall des Testosteronspiegels erspart und die Prostata auch ohne Kastration wieder schrumpfen lassen. Dennoch wird natürlich auch eine Kastration zur Rückbildung der Prostata führen.

Früherkennung

Zur allgemeinen Prophylaxe beim intakten Rüden gehört auf jeden Fall auch die regelmäßige Untersuchung der Prostata. Empfehlenswert ist hier ein Intervall von halbjährlich bis jährlich.
Dies kann, wie auch die Diagnostik, mittels rektaler Untersuchung, Röntgen oder Ultraschall geschehen.

Kryptorchismus (Hodenhochstand)

Ein leider weit verbreitetes Problem beim Rüden ist der sogenannte Kryptorchismus, also der Hodenhochstand. Betroffen können alle Rüden sein, allerdings betrifft er besonders oft Kleinhunde wie Chihuahua, Miniaturpudel oder Yorkshire Terrier. Bei großen Rassen sind gehäuft Boxer und Deutsche Schäferhunde betroffen.

Die Wurfgröße spielt offenbar auch eine Rolle beim Risiko für Kryptorchismus: In sehr kleinen Würfen mit ein bis zwei Welpen sind durchschnittlich über zwanzig Prozent von Kryptorchismus betroffen, in großen Würfen sinkt die Rate auf unter fünf Prozent. Die Wurfgröße ist dabei aber nicht die primäre Ursache dafür, sondern vielmehr sind dafür das Welpengewicht und die Welpenentwicklung verantwortlich – denn je kleiner ein Wurf, desto größer sind die einzelnen Welpen, und besonders Kleinhunde bekommen oft nur ein oder zwei Welpen. Rassehunde sind fast zehnmal so häufig betroffen wie Mischlinge, was an dieser Stelle leider kein besonders gutes Licht auf viele Züchter wirft, denn der Kryptorchismus ist erblich und wäre zuchthygienisch leicht anzugehen.

Der physiologische Hodenabstieg

Die Hoden liegen in der embryonalen Entwicklung in der Nähe der Nieren, von wo aus sie ab der Mitte der Trächtigkeit Richtung Hodensack absteigen. Bewerkstelligt wird das über ein Band, das mit dem Hodensack verbunden ist – so etwas wie eine Flexileine für Hoden. Bei der Geburt liegen die Hoden dann bereits in der Nähe des Leistenkanals, durch den sie für den vollständigen Hodenabstieg (*Descensus testis*) wandern müssen. Um den fünften Lebenstag herum erfolgt die Passage durch den äußeren Leistenring, ab Tag 35 bis 40 erreichen sie ihre endgültige Position.

Mit sechseinhalb Wochen ist der Abstieg dann bei 98 Prozent der Rüden abgeschlossen – in Einzelfällen kann er aber auch bis zum sechsten Lebensmonat dauern. Danach verengt sich der Leistenspalt und der Hoden wird größer. Was jetzt noch nicht im Hodensack angekommen ist, passt nun auch nicht mehr durch. Entsprechend spricht man bei Rüden, bei denen ein oder beide Hoden mit einem halben Jahr noch nicht abgestiegen sind, von Kryptorchiden.

Meist ist es der rechte Hoden, der Probleme macht, weil er einen längeren Weg zurücklegen muss als der linke. Entsprechend ist der rechtsseitige inguinale (hier liegt der Hoden im Leistenspalt) Kryptorchismus am häufigsten, gefolgt vom rechtsseitigen abdominalen Kryptorchismus, bei dem der Hoden in der Bauchhöhle liegen bleibt. Auch gibt es sogenannte Wander- oder Pendelhoden, die mal in der Leiste und mal in der Bauchhöhle liegen. Ursächlich dafür können sowohl anatomische Gegebenheiten (Hoden zu groß, Leistenkanal zu eng, Samenstrang zu kurz) oder eine hormonelle Fehlsteuerung sein.

Die Problematik

Der einseitige Kryptorchismus geht in der Regel mit einer normalen körperlichen und sexuellen Entwicklung einher. Auch der kryptorchide Hoden ist zur Hormonproduktion in der Lage, allerdings gibt es Probleme bei der Spermaproduktion, sodass beidseits betroffene Rüden meist unfruchtbar sind.

Die Hoden werden in den Hodensack ausgelagert, weil es im Körper schlichtweg zu warm für sie ist. Funktioniert der Abstieg nicht und die Hoden verbleiben im Leistenspalt oder in der Bauchhöhle, haben sie ein deutlich erhöhtes Risiko zu entarten. Besonders östrogenproduzierende Sertolizelltumore (mit allen oben beschriebenen Symptomen) sind die Folge. Auch steigt dadurch das Risiko einer Hodentorsion, einer sehr schmerzhaften Hodendrehung, eventuell sogar mit eingeklemmten Darmschlingen und einem daraus resultierenden Darmverschluss, die einen akuten Notfall darstellt.

Die Diagnostik

Bei einem Welpen gehört der „Griff zwischen die Beine" auf jeden Fall zur Erstuntersuchung. Allerdings ist bei jungen Welpen oft vergleichsweise schwer zu beurteilen, ob wirklich alles da ist, wo es hingehört, denn die Hoden sind noch relativ klein und können auch mal mit Fetteinlagerungen verwechselt werden. Sind bis zur achten Lebenswoche keine Hoden im Hodensack tastbar, kann die vorläufige Diagnose gestellt werden; allerdings sollte dann mit einem halben Jahr noch einmal kontrolliert werden. Im Leistenspalt liegende Hoden lassen sich unter Umständen dort ertasten, bei abdominalen hilft eine Ultraschalluntersuchung bei der Suche weiter.

Die Therapie

Chirurgische Entfernung (Kastration) der innen liegenden Hoden.
Da der Kryptorchismus sehr oft einseitig auftritt, sollte in diesen Fällen natürlich auch nur einseitig kastriert werden. Der andere Hoden übernimmt dann – dank interner Rückkoppelungsmechanismen – beinahe die komplette Testosteron-

produktion, sodass es kaum einen Unterschied zu einem Zweihoder gibt. In dem Fall ist es dann auch egal, wann man sich zu dem Eingriff entscheidet, solange man nicht zu lange damit wartet. Den verbleibenden Hoden sollte man in derselben OP gleich vasektomieren (also sterilisieren) lassen, um eine Fortpflanzung und damit Weitergabe des Problems ultimativ zu verhindern.

Bei einem beidseitigen Hodenhochstand müssen leider aufgrund der oben beschriebenen Risiken beide Hoden entfernt werden. Die Angaben, wann das erfolgen sollte, variieren und inzwischen gibt es parallel zu „möglichst früh" auch die Empfehlung, unter regelmäßiger Ultraschallkontrolle abzuwarten, solange der Hund ansonsten unauffällig ist. Eine Beratung beim Haustierarzt hilft in diesem Fall weiter.

Ein paar Worte zur Zucht

Es ist bekannt, dass der Kryptorchismus eine hohe Heritabilität (Erblichkeit) aufweist und autosomal rezessiv weitergegeben wird. Das heißt, das Risiko hat nichts mit dem Geschlecht zu tun, sondern wird genauso über die Hündin wie über den Rüden vererbt. Die Konsequenz daraus sollte, vor allem wegen der gesundheitlichen Risiken, die mit einem Kryptorchismus einhergehen (neben dem Risiko für Entartungen zeigen Kryptorchiden auch ein erhöhtes Risiko für Patellaluxationen, HD, Nabelbrüche), ein sofortiger Zuchtausschluss nicht nur für den Vater, sondern auch für die Mutter und die Geschwister betroffener Hunde sein. Damit ließe sich das Problem zuchthygienisch relativ gut in den Griff bekommen – wenn man denn daran interessiert wäre. Das scheint aber leider oft nicht der Fall zu sein und eng verwandte Hunde werden oft weiterhin fleißig zur Zucht eingesetzt. Darüber, was davon zu halten ist, kann sich ja jeder ein eigenes Bild machen ...

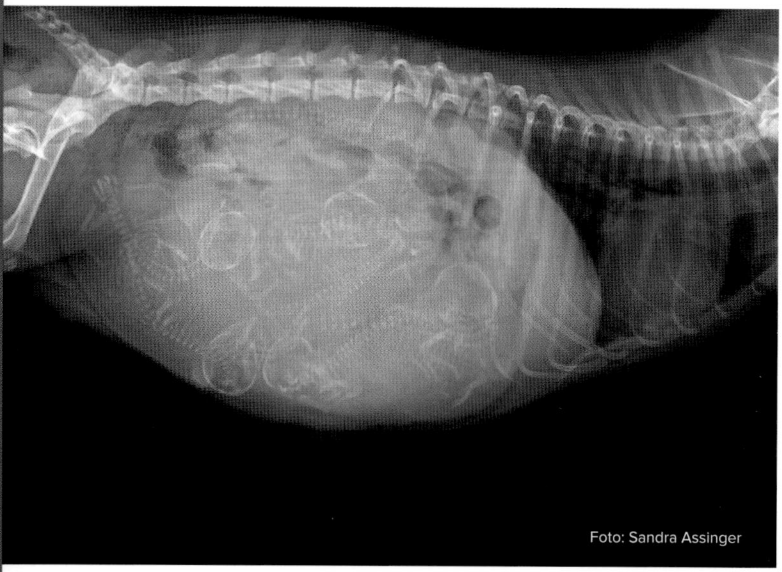

In kleinen Würfen steigt das Risiko, dass die Hoden innen liegend bleiben.

Aber auch die Käufer betroffener Welpen können etwas tun. Natürlich muss der Züchter überhaupt erst mal informiert werden, um hoffentlich entsprechend verantwortungsvoll reagieren zu können und seine betroffenen Hunde aus der Zucht zu nehmen. Sollte das nicht ausreichen, kann auch der Weg über ein Gericht weiterhelfen. Laut einem Urteil des LG Verden musste eine Züchterin einer Welpenkäuferin die Hälfte des Kaufpreises erstatten, weil sie ihr einen kryptorchiden Hund verkauft hatte.

Da es in der Hundezucht auch immer um viel Geld und Prestige geht, könnte es durchaus zu einer besseren Zuchthygiene und womöglich sogar einem Ausmerzen des Problems führen, wenn mehr Halter betroffener Hunde vor Gericht ziehen würden.

Prognose
Werden innen liegende Hoden entfernt, bevor es zur Tumorbildung kommt, ist die Prognose sehr gut und betroffene Hunde haben eine normale Lebenserwartung. Alternativ kann man die innen liegenden Hoden regelmäßig per Ultraschall untersuchen lassen und bekommt so rechtzeitig Kenntnis von potenziellen Veränderungen. Hat sich bereits ein Hodentumor gebildet, hängt die Prognose von der Art des Tumors und möglicher Metastasen ab.

Der „Schniepelschnupfen" (Präputialkatarrh)

Welcher Rüdenhalter kennt sie nicht, die unschönen, weißlich-gelblich-grünen, zähen, klebrigen Flecken, die Rüden gerne überall hinterlassen? Die Rede ist vom Schniepelschnupfen oder Hunde-Tripper, wie der Vorhautkatarrh auch gerne bezeichnet wird. Tatsächlich besitzt der Präputialkatarrh keinen Krankheitswert, gehört aber dennoch nicht zu den angenehmsten Dingen, die intakte Rüden mitbringen.

Das Sekret wird Smegma genannt und ist ein Gemisch aus Drüsensekreten, abgestorbenen Zellen und Harn- und Spermaresten. All diese netten Ingredienzen sammeln sich unter der Vorhaut an und tropfen als weiß-gelb-grüne Flüssigkeit aus der Vorhautöffnung des Penis – besonders gerne auf die Couch, den Teppich …

Ähnlich zur blutenden Hündin gibt es auch hier große individuelle Unterschiede bezüglich der Menge des Ausflusses, aber auch der Reinlichkeit des Produzenten. So fällt das Phänomen bei manchen Hunden fast gar nicht auf, während andere deutliche Spuren hinterlassen. Da die Smegmaproduktion durch Testosteron angeregt wird, würde eine Kastration – egal ob chirurgisch oder chemisch – das Tropfen in fast allen Fällen schnell beenden. Da der Schniepelschnupfen aber vollkommen physiologisch ist, stellt er trotzdem keine Indikation für eine Kastration dar. Bei langhaarigen Hunden empfiehlt es sich aus hygienischen Gründen die Haare an der Penisspitze zu kürzen oder abzuschneiden, um das Saubermachen zu erleichtern und so Verklebungen zu verhindern. Dasselbe gilt auch bei Hündinnen mit gutem Fellwuchs an der äußeren Scham.

In schweren Fällen oder bei Anzeichen einer Entzündung (durch das viele Lecken kann auch eine Vorhautentzündung daraus entstehen), sollte der Hund dem Tierarzt vorgestellt werden, ansonsten ist der Vorhautkatarrh meist durch Spülungen mit milden Spüllösungen gut in den Griff zu bekommen. Auch in diesem Fall kann der Tierarzt beraten.

Hier hat es sich übrigens bewährt, wie schon weiter vorne im Buch erwähnt, das Putzen unter Signalkontrolle zu stellen, das heißt auf das Kommando „Saubermachen!" betreibt der Herr des Hauses ganz alleine Intimpflege und erspart mir dadurch das Putzen.

Beide Geschlechter

Manche Erkrankungen werden auch bei beiden Geschlechtern durch die Sexualhormone beeinflusst – im Guten, wie im Bösen.

Diabetes mellitus

Während Rüden nach der Kastration ein erhöhtes Risiko haben, einen Diabetes mellitus zu entwickeln, ist die Kastration bei diabetischen Hündinnen das Mittel der Wahl und für die Therapie sowie eine gute Lebensqualität unumgänglich. Weil die Hormone alle ineinandergreifen, steigt der Insulinbedarf durch das nach der Läufigkeit gebildete Hormon Progesteron so stark an, dass das Pankreas (die Bauchspeicheldrüse) nicht mehr mit der Insulinproduktion hinterher kommt. Die Inselzellen, die für die Insulinproduktion zuständig sind, verkleinern sich und brennen aus, und das Insulin, das benötigt wird, um den Blutzuckerspiegel konstant zu halten, fehlt fortan. Das führt zu einem dauerhaft erhöhten Blutglukosespiegel und in der Folge zum Diabetes mellitus.
Durch eine möglichst frühzeitige Diagnose und sofortige Kastration werden das Pankreas entlastet und die Inselzellen geschützt. Oft kann das den dauerhaften Einsatz von Insulin verhindern, in anderen Fällen kann die Dosis reduziert werden.

Ein Diabetes bei einer intakten Hündin stellt also immer eine medizinische Indikation für eine Kastration dar. Andersherum haben aber kastrierte Hunde ein doppelt so hohes Risiko einen Diabetes mellitus zu entwickeln. Auch hier macht eine Kastration also nur Sinn, wenn der Krankheitsfall bereits eingetreten ist, keinesfalls prophylaktisch.

Epilepsie?

Immer wieder werden mir in der Beratung Hunde beiderlei Geschlechts vorgestellt, die aufgrund einer Epilepsie kastriert wurden. Auch im Netz hält sich der Glauben daran, dass die Epilepsie in Verbindung mit den Sexualhormonen steht und eine Kastration dadurch zu einer geringeren Anfallsfrequenz führt. Dabei haben Studien nachgewiesen, dass es keinerlei Zusammenhang gibt.

Die sogenannte idiopathische, also aus sich selbst heraus entstehende Epilepsie ist eine kurzfristige Funktionsstörung im Gehirn, bei der es zu unkontrollierten Entladungen kommt. Es entsteht ein Gewitter im Gehirn – und folglich auch im gesamten Körper. Tatsächlich gilt es – neben der bei hoher Anfallsfrequenz nötigen medikamentösen und nutritiven Therapie – Auslöser zu identifizieren und daran zu arbeiten beziehungsweise sie zu vermeiden. Zu sehr häufigen Triggern für Anfälle gehört Stress, und zwar jeglicher Art. Hier wird schnell klar, wie genau man hinschauen muss, um zu entscheiden, ob eine Kastration im Einzelfall helfen kann oder ob sie das Problem unter Umständen sogar verschlimmert: Wenn eine Hündin durch ihr Zyklusgeschehen Stress hat und ausschließlich in bestimmten Zyklusphasen Anfälle hat, wird die Frequenz nach Wegfall des Zyklus durch eine Kastration sicherlich geringer werden; genauso beim Rüden, wenn er beispielsweise ausschließlich Anfälle nach Kontakt mit läufigen Hündinnen bekommt.

Anders bei prinzipiell und unabhängig von den Sexualhormonen gestressten und unsicheren Hunden: Nimmt man ihnen die angstlösenden Sexualhormone, wird der Stress und damit in den meisten Fällen die Anfallsfrequenz steigen. Anderen epileptiformen Anfällen, bei denen der Ursprung nicht idiopathisch ist, liegt eine andere Erkrankung (zum Beispiel Tumor, Infektion, Vergiftung etc.) zugrunde. Hier gilt es, die Grunderkrankung zu behandeln.

Früherkennung

Tatsächlich ist es schockierend, wie oft zum Beispiel Hündinnen mit dem Satz „Die hat da plötzlich was!“ und einem Mammatumor von bereits respektabler Größe in den Tierarztpraxen vorgestellt werden. Dasselbe gilt natürlich auch für Hodentumore. Aber nein, so ein Tumor entsteht nicht über Nacht, das dauert!

Ein weiterer Klassiker ist sicherlich die Hündin, die vor ein paar Wochen läufig war, seit einiger Zeit ständig Durst hat und jetzt „ganz plötzlich“ richtig schlecht drauf ist. Das zeigt aber keinesfalls, wie fies und hinterhältig all diese Erkrankungen sind, die aus dem Nichts über Nacht auftreten, sondern vielmehr, wie selten und oberflächlich viele Halter ihre Hunde anschauen und wie wenig Wissen über die entsprechenden Erkrankungen vorhanden ist.

An dieser Stelle kann ich die Einwände vieler Kollegen, die eine Änderung des gängigen Kastrationsmanagements weg von der Routine-OP hin zu einer begründeten und medizinisch notwendigen Einzelfallentscheidung sehr kritisch sehen, durchaus verstehen. Allerdings glaube ich nicht, dass die pauschale Amputation von Organen, die gesundheitliche Probleme verursachen könnten, die Lösung ist, zumal dann von vielen Hunden nicht mehr so viel übrig bleiben würde.

Vielmehr bin ich davon überzeugt, dass eine breitere Aufklärung über die Symptome und verfügbaren Untersuchungsmethoden notwendig sind, um die Anzahl an Mamma- oder Hodentumoren oder viel zu spät entdeckten Gebärmuttervereiterungen zu reduzieren. Darum sehe ich es als wichtige Aufgabe der Tierärzte an, die Halter bereits, wenn sie das erste Mal mit einem neuen Welpen kommen, entsprechend aufzuklären und auf Risiken sowie die Notwendigkeit regelmäßiger Kontrollen hinzuweisen – eine Dienstleistung, die die meisten Halter gerne in Anspruch nehmen, da sie ja glücklicherweise in der Regel auch ein Interesse daran haben, ihr Tier möglichst lange und gesund bei sich zu haben. Dass diese Aufklärung – analog zur gesamten Kastrationsberatung – keine kostenlose Draufgabe sein kann, sondern die für die Beratung aufgewendete Zeit und das dafür angeeignete Wissen auch honoriert werden müssen, sollte für jeden Tierhalter selbstverständlich sein.

Was kann der Halter tun,

um Erkrankungen, die in Zusammenhang mit den Sexualhormonen stehen, rechtzeitig zu erkennen, um so das Risiko schwerer Verläufe zu minimieren?

Bei der Hündin

- **Zysten:** Zyklustagebuch führen, um Unregelmäßigkeiten im Zyklus festzustellen
- **Mammatumore:** Regelmäßig das Gesäuge abtasten und auf Veränderungen/Umfangsvermehrungen/Zubildungen hin untersuchen. Die meisten Tumore finden sich in den beiden letzten Drüsenkomplexen und treten bei Hündinnen ab dem siebten Lebensjahr auf.
- **Pyometra:** Nach den Läufigkeiten auf verstärkten Durst/Harnabsatz, Fieber, Mattigkeit etc. achten und bei Auffälligkeiten die Hündin auf jeden Fall per Ultraschall untersuchen lassen. Bei älteren Hündinnen empfiehlt es sich, die Gebärmutter routinemäßig regelmäßig schallen zu lassen, um ihren Zustand beurteilen zu können und Flüssigkeitsansammlungen rechtzeitig festzustellen.

Beim Rüden

- **Hodentumore:** Regelmäßig die Hoden abtasten und auf Umfangsvermehrungen achten.
- **Perianaltumore:** Auch die Analregion sollte regelmäßig auf Umfangsvermehrungen hin kontrolliert werden.
- **Gutartige Prostatavergrößerung:** Auf problemlosen Kotabsatz, normal geformte Haufen und Schmerzen achten. Auch blutiger Urin kann einen Hinweis auf eine Vergrößerung der Prostata geben.

Medizinische Risiken der Kastration

Während die Kastration in den letzten Jahrzehnten als Gesundheitsprophylaxe vor allem im Hinblick auf Tumore der Milchleiste galt, ändert sich das in den letzten Jahren zunehmend, weil immer mehr Studien zeigen, dass die Kastration gleichzeitig das Risiko für viele andere Tumorarten und Erkrankungen steigert.

Auf allgemeine Operationsrisiken, wie Narkoserisiko, Wundheilungsstörungen etc. wurde bereits weiter vorne hingewiesen.

Kastration und Fellbeschaffenheit

Auch wenn es hierzu keine Studien gibt und der Mechanismus nicht bekannt ist, verändert sich bei vielen Hunde nach der Kastration ihr Fell beziehungsweise dessen Beschaffenheit. Betroffen sind vor allem Hunde mit langem, seidigem Fell, die nach der Kastration extrem „zu plüschen" anfangen und quasi wieder Welpenfell mit ganz viel Unterwolle bekommen. Besonders oft trifft es rote Hunde wie Langhaardackel, Cocker Spaniel oder Setter, aber auch kurzhaarige Rassen neigen zu Fellveränderungen und mehr Unterwolle, auch wenn sich das in dem Fall – oder Fell – meist nicht ganz so deutlich zeigt.

Außerdem gibt es vereinzelt rauhaarige und kurzhaarige Hunde wie Boxer, Airedale Terrier und Englische Bulldoggen, die nach der Kastration eine sogenannte saisonale Flankenalopezie bekommen. Sie weisen haarlose Stellen (Alopezie) im Bereich der Flanken auf. Der Zustand ist jedoch nicht dauerhaft, sondern tritt zumindest zu Beginn der Erkrankung nur zu gewissen Jahreszeiten auf (saisonal). Betroffene Hunde verlieren das Fell im Flankenbereich im Winter oder Frühling und im darauffolgenden Sommer wachsen die Haare meist wieder nach.

Besonders rote und langhaarige Hunde sind von Fellveränderungen nach der Kastration betroffen.

Kastration und Gewichtszunahme

Da die Sexualhormone auch maßgeblich an der Regulation des Stoffwechsels beteiligt sind und den Appetit hemmen, neigen Hunde dazu, nach der Kastration den Bereich ihres Idealgewichts nach oben zu verlassen. Auch zeigen viele kastrierte Hunde eine verminderte Aktivität – „damit er ruhiger wird" ist ein häufig genannter Kastrationsgrund – was ebenfalls zu einem geringeren Energiebedarf führt. Kastrierte Tiere haben also oft einen größeren Hunger, aber einen geringeren Energieverbrauch und was das zur Folge hat, kann man sich auch ohne besonders ausgeprägte Mathekenntnisse ausrechnen. Ein Teufelskreis! Vor allem bei Hündinnen ist die Gewichtszunahme eine häufige Nebenwirkung der Kastration. Adipositas entsteht bei gonadektomierten Hündinnen doppelt so oft wie bei intakten Artgenossinnen. Wissenschaftler erklären diesen Effekt mit der hemmenden Wirkung von Östrogenen auf die Nahrungsaufnahme. Da kastrierten Hündinnen die weiblichen Sexualhormone fehlen, fressen sie mehr als zur Deckung ihres Energiebedarfs nötig wäre und nehmen dadurch an Körpergewicht zu. Eine andere aktuelle Studie zeigt hingegen, dass vor allem Rüden dazu neigen, nach der Kastration Fettpolster anzusetzen.

Ob ein Hund nach der Kastration zunimmt oder nicht, hat vor allem der Halter in der Hand.

Egal, ob Rüde oder Hündin: Kastraten sollten, wenn sie nach der Kastration zulegen, entsprechend energiereduziert ernährt werden, da der Bedarf in aller Regel nach der Kastration sinkt. Allerdings reicht es an dieser Stelle nicht aus, dauerhaft einfach die Futtermenge zu reduzieren, denn das kürzt nicht nur den Energiegehalt, sondern auch den Gehalt an wichtigen Nährstoffen. Man sollte sich also ein Futter suchen, das einen reduzierten Energiegehalt bei gleichem Nährstoffgehalt aufweist. Das kann entweder ein Light-Futter oder ein Futter, das speziell an den Bedarf kastrierter Hunde angepasst ist, sein.

Da Sättigung auch viel mit Lebensqualität zu tun hat (hat mir mein Beagle verraten), kann man die tägliche Ration auch mit Faserstoffen aus Zellulose oder Rübenschnitzeln ergänzen, die komplett unverdaut wieder ausgeschieden werden, aber zur Sättigung führen. Wer barft oder seinen Hund anderweitig selbst zusammengestellt füttert, kann sich eine passende Ration bei einer kompetenten Ernährungsberatung berechnen lassen.

Aber natürlich gilt – wie beim Menschen auch – die beste Diät nützt nichts, wenn nicht gleichzeitig für Bewegung gesorgt wird. Da das auch dem Muskelabbau durch den Wegfall der Sexualhormone vorbeugt, ist ein Fitnessprogramm nach der Kastration sowieso unumgänglich. Da ich von der Betriebsblindheit von Haltern gegenüber ihren eigenen Hunden Arien singen kann – und mich an dieser Stelle nicht ausnehme! – rate ich dazu, den Vierbeiner regelmäßig zu wiegen, um Veränderungen im Gewicht rechtzeitig festzustellen. Vorbeugen ist einfacher als abnehmen, und außerdem gibt es gelegentlich auch Kastraten, deren Gewicht sich nicht ändert oder die sogar infolge der Kastration abnehmen. Das ist also immer ganz individuell zu beurteilen.

Nicht individuell zu beurteilen sind hingegen die katastrophalen Auswirkungen von Übergewicht auf den Hund! Den meisten Haltern ist zwar trotz sämtlicher Verdrängungsmechanismen bewusst, dass Adipositas fatale Folgen für den Bewegungsapparat und das Herz-Kreislauf-System hat, aber viele weitere Folgen wie ein erhöhtes Risiko für Diabetes mellitus, Hauterkrankungen, Leberprobleme, Blasensteine oder ein gesteigertes Narkoserisiko nach sich zieht. Auch die Lebenserwartung ist signifikant verkürzt. Studien zeigen nämlich ganz konkret, dass adipöse Hunde im Schnitt zwei Jahre vor normalgewichtigen Artgenossen sterben. Ein besseres Argument, das Gewicht des Hundes im Blick und Idealbereich zu behalten kann es doch nicht geben, oder? Wir haben schließlich alle gerne länger was von unseren Hunden ...

Und natürlich hat es am Ende der Halter in der Hand beziehungsweise im Kühlschrank! Denn Adipositas und all ihre Folgen wären als Nebenwirkung der Kastration leicht zu vermeiden, wenn die Halter konsequenter wären.

Kastration und Inkontinenz

Die Harninkontinenz gilt vor allem bei der Hündin mit einer Inzidenz von je nach Studie zwischen 5 und 20 Prozent als eine der häufigsten Nebenwirkungen der Kastration, aber es gibt auch immer wieder mal, wenn auch deutlich seltener, betroffene Rüden. Eine andere Studie spricht von einem achtfach erhöhten Risiko der kastrierten Hündin, im Alter inkontinent zu werden. Der Zusammenhang ist jedenfalls schon lange bekannt und auch statistisch nachgewiesen. Über die Ursachen herrscht hingegen bis heute Unklarheit. Diskutiert werden unter anderem veränderte Konzentrationen an Östrogen, FSH/LH und GnRH sowie deren Rezeptoren nach der Kastration.

Die Inkontinenz tritt übrigens keineswegs immer unmittelbar nach der Kastration auf, sondern kann sich auch erst Jahre später entwickeln. Einfluss auf das Risiko haben die Rasse und das Körpergewicht, besonders gefährdet sind Hunde, die über 20 Kilo wiegen sowie besonders Boxer, Rottweiler, Dobermann und Riesenschnauzer.

Lange war man der Meinung, dass der Kastrationszeitpunkt das Risiko der Inkontinenz beeinflusst, diese Hypothese kann aber durch die kontroverse Studienlage nicht gestützt werden, da es sowohl Studien gibt, die ein erhöhtes Risiko nach Frühkastration zeigen als auch Studien, die spät kastrierte Hündinnen als besonders gefährdet ansehen – und natürlich auch Studien, die gar keinen Zusammenhang zwischen dem Alter bei der Kastration und dem Inkontinenzrisiko nachweisen konnten. Wissenschaft ist kompliziert.

Allerdings weiß man, dass sich das Intervall zwischen Kastration und erstmaligem Auftreten der Inkontinenz mit zunehmendem Kastrationsalter verkürzt. Wie bei den Fellveränderungen auch, stellt die Inkontinenz zwar keinen lebensbedrohlichen Zustand dar, ist aber dennoch nicht nur für den Halter, sondern auch für viele Hunde sehr belastend. Außerdem bedeutet sie in der Regel, dass der Hund sein Leben lang Medikamente gegen die Inkontinenz bekommen muss – und alles, was wirkt, hat nun mal auch Nebenwirkungen.

Eingesetzt werden zum Beispiel Östriolpräparate (das sind kurz wirksame Östrogene) oder auch sogenannte Sympathomimetika wie zum Beispiel Ephedrin oder Phenylpropanolamin. Letztere verstärken die Wirkung des Sympathikus, wirken also stimulierend auf den vorrangig aktivierenden Teil des Nervensystems und führen dadurch zu einem besseren Verschluss der Harnröhre. Allerdings wirken sie sich auch auf die Konzentration des aktiven Stresshormons Noradrenalin aus, was auch im Verhalten zu unerwünschten Nebenwirkungen wie Schlaflosigkeit, Nervosität, Erregung, Angst und Muskelzittern führen kann.

Inzwischen weiß man, dass auch ein GnRH-Analogon, also das Deslorelin-Implantat („Kastrationschip für Rüden“) bei vielen kastrationsbedingt inkontinenten Hündinnen zur Kontinenz führt (siehe unten). Zusätzlich kann man auch versuchen, ob Kürbiskernpräparate, Chiropraktik oder Akkupunktur einen weiteren Nutzen bringen.

Kastration und Tumorrisiko

Inzwischen vermehren sich die Hinweise aus unterschiedlichen Studien, dass eine Kastration das Risiko für bestimmte Tumorarten erhöht. In Bezug auf die Entscheidung pro oder kontra Kastration aus gesundheitlichen Gründen kann ich nur wiederholen, dass ich in jedem Fall einen Mammatumor, der eine reelle Chance mit sich bringt, rechtzeitig von mir gefunden zu werden, jedem anderen Tumor vorziehe, der unbemerkt irgendwo im Inneren des Hundes wächst.

Zu Letzteren gehören zum Beispiel die **Hämangiosarkome**, deren Lieblingslokalisation die Milz ist („der Milztumor“). Es gibt sie aber auch im Herzen, in der Leber oder der Haut. Hämangiosarkome sind bösartig und betreffen – wie der Name verrät – das Blutgefäßsystem. Sie machen laut dem Schweizer Hundekrebsregister drei Prozent der Krebserkrankungen bei Hunden aus, andere Studien sprechen von sieben Prozent aller malignen Tumore oder von 40 Prozent aller abdominalen, also sich in der Bauchhöhle befindenden Tumore. Dispositionen gibt es unter anderem für den Boxer, Retriever, Deutsche Schäferhunde und Berner Sennenhunde.

Verschiedene Studien weisen inzwischen ein deutlich erhöhtes Risiko für Hämangiosarkome der Milz bei kastrierten Hunden nach, in der Studie von Torres de la Riva/Hart (2013) lag das Risiko „spät“ kastrierter Golden-Retriever-Hündinnen (Kastration im Alter von über einem Jahr) sogar viermal so hoch wie bei intakten, aber auch früh kastrierten Hündinnen.

Ähnliche Ergebnisse gibt es für Vizslas in der Studie von Zink, die nach der Kastration vor dem ersten Lebensjahr im Vergleich zu intakten Hündinnen ein sechsfach erhöhtes und bei einer Kastration nach dem ersten Lebensjahr sogar ein 11,5-fach erhöhtes Risiko für die Entstehung eines Hämangiosarkoms in der Milz nachwies. Man vermutet als Ursache dafür den Wegfall des protektiven Effekts des Östrogens und eventuell auch einen Einfluss des gestiegenen LHs und seiner Rezeptoren nach der Kastration.

Bei Rüden besteht ebenfalls ein deutlich erhöhtes Risiko für die Entstehung von Hämangiosarkomen. Die Ursachen sind auch hier noch nicht endgültig geklärt, aber man vermutet, wie beim bösartigen Prostatakarzinom, dass der Verlust der Androgenrezeptoren nach der Kastration für das gehäufte Auftreten verantwortlich ist. Hämangiosarkome des Herzens scheinen hingegen durch die Kastration nicht beeinflusst zu werden.

Auch für **Lymphome** (Lymphdrüsenkrebs), die 4 Prozent der Tumorerkrankungen beim Hund ausmachen, steigt das Risiko nach der Kastration um den Faktor 1,3 bis 2,3 an. Rassedispositionen gibt es für Rottweiler und Schweizer Sennenhunde. Unterschiedliche Studien zeigen einen Zusammenhang zwischen dem Kastrationsstatus und dem Auftreten von Lymphomen. In der Golden-Retriever-Studie von Hart erkrankten kastrierte Rüden dreimal häufiger an Lymphomen als intakte. Intakte Hündinnen wiesen das geringste Risiko für die Entwicklung eines Lymphoms auf.

Auch in der Vizsla-Studie von Zink bekamen kastrierte Hunde mit 4,3-fach höherer Wahrscheinlichkeit Lymphome. Beim Labrador Retriever und beim Deutschen Schäferhund hingegen waren intakte Hündinnen öfter betroffen.

Ein weiterer häufiger Tumor des Hundes – der häufigste Hauttumor – ist der **Mastzelltumor**. Er macht 7 Prozent der Tumorerkrankungen des Hundes aus.

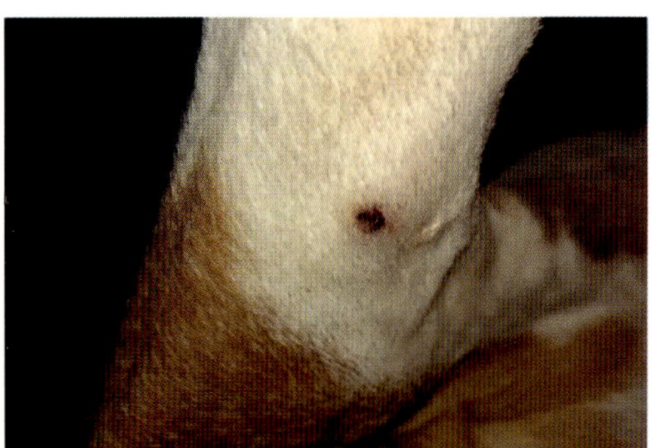

Auch das Risiko der Entstehung von Mastzelltumoren steigt nach der Kastration an.

Rassedispositionen bestehen für den Mops, Rhodesian Ridgeback, Labrador Retriever, Golden Retriever und Boxer. Mastzelltumore sind vergleichsweise bösartige Tumore, auch weil sie oft erst sehr spät entdeckt werden, was dann die nötige Entfernung mit einem Mindestsicherheitsabstand von drei Zentimetern oft unmöglich macht. An dieser Stelle sei wieder einmal darauf hingewiesen, dass Mastzelltumore Meister der Tarnung sind und sich hinter fast jeder Hautveränderung ein solcher Tumor verstecken kann. Jeder „Knubbel" sollte also zeitnah dem Tierarzt vorgestellt werden!

Auffällig war in der Schweiz ein Anstieg der Inzidenz von Mastzelltumoren zeitgleich mit dem Anstieg von Kastrationen. Auch im Patientengut der *Banfield Pet Hospitals*, einer großen Klinikkette in den USA und Kanada, wiesen intakte Rüden und Hündinnen eine Prävalenz von 4,2 Fällen/10.000 auf, wohingegen es bei kastrierten Rüden 10,2 und bei den kastrierten Hündinnen sogar 14,3/10.000 Hunden waren. Ebenso fanden die Studien von Hart und Zink ein dreifach erhöhtes Risiko bei kastrierten Hunden beiderlei Geschlechts. In der Vizsla-Studie erkrankten kastrierte Tiere in jüngeren Jahren als intakte.

Auch für **Übergangszellkarzinome** in der Blasenwand steigt laut Studien das Risiko durch eine Kastration. Kastrierte Hunde haben ein vierfach erhöhtes Risiko, diesen Tumor – der zugegebenermaßen nicht allzu häufig vorkommt – zu entwickeln.

Osteosarkome, primäre Knochentumore mit sehr malignem, also bösartigem Verhalten, gehören durch die schlechte Prognose sicherlich zu den fiesesten Tumoren, die man als Hund bekommen kann. Oft hilft nach der Diagnose auch die Amputation der betroffenen Gliedmaße nicht mehr. Osteosarkome sind zum Glück vergleichsweise selten und treten vor allem bei großen Rassen wie Irischer Wolfshund, Deerhound, Bernhardiner oder Leonberger auf. In der norwegischen Hundepopulation erkrankten 5,5 pro 10.000 Hunden, wobei es zum Beispiel beim Irischen Wolfshund mit 99, beim Bernhardiner 78 und beim Leonberger 53 Fällen pro 10.000 Hunden deutlich mehr betroffene Hunde waren.

Entsprechend sollte bei diesen Rassen bezüglich des Osteosarkoms die Entscheidung zur Kastration besonders sorgfältig getroffen werden. Insgesamt steigert sich das Risiko für die Entstehung eines Osteosarkoms bei kastrierten Hunden beiderlei Geschlechts um den Faktor 2,3.

Im Gegensatz zum Rüden, bei dem die Kastration durch den Wegfall der Sexualhormone einen hemmenden Einfluss auf die Entstehung von **Perianaladenomen** aufweist, steigert sich das Risiko bei der Hündin durch eine Kastration.

Des Weiteren zeigen Studien ein vierfach erhöhtes Risiko für die Entstehung von bösartigen **Prostatatumoren** bei kastrierten Rüden, da die Sexualhormone beim intakten Rüden einen protektiven Effekt auf die Tumorgenese aufweisen. Davon abgegrenzt werden muss aber die gutartige Prostatavergößerung, die ausschließlich bei intakten Rüden auftritt und bei der die Kastration eine mögliche Therapieoption darstellt – neben der konservativen Therapie mittels Tabletten.

Kastration und andere Hormone

Wer sich noch an das Zahnradgebilde der Hormone erinnert, dem dürfte klar sein, dass die Kastration natürlich auch Einfluss auf andere Hormonsysteme nimmt. Das betrifft vermutlich auch die Schilddrüsenunterfunktion (Hypothyreose), in deren Folge die Schilddrüse zu wenig Schilddrüsenhormone bildet, und die eine der häufigsten Endokrinopathien, also hormonellen Erkrankungen des Hundes ist. Sie nimmt ihrerseits wiederum Einfluss auf den gesamten Botenstoffhaushalt und kann dadurch auch zu Verhaltensproblemen führen.

Bereits 1983 kastrierten Van der Valt und Kollegen zwölf Schäferhündinnen, um die Auswirkungen auf die Schilddrüse zu untersuchen. Es zeigte sich, dass der Abfall von Östrogen durch die Kastration einen Abfall der Schilddrüsenhormone T3, T4 und fT4 nach sich zog. Circa drei Wochen nach der Kastration pendelten sich die Werte wieder stabil, aber auf einem niedrigeren Niveau ein (etwa 20 Prozent weniger als in intaktem Zustand).

Sundberg analysierte 2016 über 90.000 Patientenakten, um das Risiko einer Hypothyreose durch eine Kastration zu ermitteln. Hier hatten kastrierte Hündinnen ein gut dreifach erhöhtes und kastrierte Rüden ein 1,3-fach erhöhtes Risiko eine Hypothyreose zu entwickeln. Die Entfernung der Gonaden hat also tiefgreifende Auswirkungen auf die Schilddrüsenfunktion. Auch laut Milne et al. entwickeln kastrierte Hunde im Vergleich zu intakten zu 30 Prozent häufiger eine Hypothyreose. Bekannt ist, dass auch bei ovarektomierten Frauen das Risiko, eine Hypothyreose zu entwickeln, ansteigt.

Andere Autoren wie Dixon und Günzel-Apel fanden hingegen keinen Zusammenhang. Dennoch habe ich in der Beratung die Erfahrung gemacht, dass Hunde nach der Kastration niedrige Schilddrüsenwerte hatten. Allerdings ist hierzu anzumerken, dass Hund und Halter in diesen Fällen aus Verhaltensgründen bereits einen Leidensweg hinter sich hatten und die Kastration vom Haustierarzt oft nach wie vor als erste Lösung diverser Probleme angeraten wird – ohne vorherige Schilddrüsendiagnostik. Möglich wäre also auch, dass die Hunde bereits vor der Operation eine nicht diagnostizierte Hypothyreose hatten.

Dennoch würde ich aufgrund der uneinheitlichen Studienlage stets dazu raten, nach ein paar Wochen/Monaten ein Schilddrüsenprofil erstellen zu lassen, um sicherzugehen, dass der Hund tatsächlich aufgrund der Kastration „ruhiger" (das ist ja oft die Hoffnung) und vielleicht auch „molliger" wird, und nicht, weil er nach der Kastration in eine Schilddrüsenunterfunktion gerutscht ist, zu deren Symptomen Trägheit und Gewichtszunahme gehören. Und in letzterem Fall würde sich das wiederum erneut auf sein Verhalten auswirken.

Kastration und Bewegungsapparat

Bekannt ist schon lange, dass die Frühkastration Einfluss auf den Wachstumsprozess und auf den Schluss der Epiphysenfugen (das sind die zunächst knorpeligen Zonen in den langen Röhrenknochen, die erst nach und nach verknöchern und dadurch Längenwachstum ermöglichen) nimmt, weil der Anstieg der Sexualhormone zu Beginn der Pubertät ausbleibt. Denn normalerweise fungieren sie in der Pubertät als Gegenspieler der Wachstumshormone und führen zum Epiphysenschluss, der das Längenwachstum beendet.
Auch beim Menschen ist dieser Zusammenhang bekannt und nicht umsonst gibt es den Begriff des eunuchoiden Hochwuchses. Man darf sich jetzt aber nicht vorstellen, dass Kastraten um Längen größer werden als ihre intakten Artgenossen – die endgültige Größe ist natürlich genetisch fixiert. Dennoch gibt es eben geringe Unterschiede mit großen Folgen: Eine Kastration vor Beendigung des Längenwachstums führt beim Hund zu einem verzögerten Epiphysenschluss und

damit zu einer größeren Ober- und Unterarmlänge als bei Hunden, die erst nach der Pubertät kastriert werden. Das ist vermutlich auch ein Grund, warum (Früh-)Kastraten häufiger Kreuzbandrisse bekommen, denn durch das veränderte Wachstum verändert sich der Winkel zwischen dem Kniescheibenband und der Gelenkfläche des Schienbeins/Knies. Auch eine Untersuchung von Hart et al. von 2016 an 1.170 Schäferhunden zeigte, dass unter den intakten Rüden sieben Prozent von einer oder mehreren Gelenkserkrankungen (HD, ED oder Kreuzbandriss) betroffen waren. Bei den intakten Hündinnen waren es fünf Prozent. Bei den Rüden und Hündinnen, die im Alter von unter einem Jahr kastriert wurden, waren es hingegen 21 beziehungsweise 16 Prozent, was ein signifikanter Anstieg ist. Das häufigste orthopädische Problem war hier übrigens der Kreuzbandriss.

Aber auch das Risiko für andere orthopädische Probleme steigt, und entsprechend haben laut verschiedenen Studien kastrierte Tiere ein 1,5- bis dreifach erhöhtes Risiko für eine Hüftgelenksdysplasie, ein um bis zu dreifach erhöhtes Risiko für eine Patellaluxation (also eine „lockere Kniescheibe"), ein je nach Studie zwei bis achtfach erhöhtes Risiko für einen Kreuzbandriss und ein 1,8-fach erhöhtes Risiko für Bandscheibenvorfälle. Bei den früh kastrierten Hündinnen ist das Risiko sogar doppelt so hoch wie bei intakten Artgenossinnen.

Ein weiterer Zusammenhang zwischen der Kastration und dem Bewegungsapparat ist der Muskelabbau nach der Kastration, da die Sexualhormone, allen voran das Testosteron, das ja nicht umsonst auch als Dopingmittel Verwendung finden, eine anabole, also muskelaufbauende Funktion haben. Genau das ist auch der Unterschied zwischen Hengst und Wallach oder Stier und Ochse: Das Testosteron führt zu einer gut ausgebildeten Muskulatur und ist damit unter anderem für den Hengsthals oder den Stiernacken verantwortlich. Aber auch Hunden sieht man meist an, ob sie intakt oder (früh) kastriert sind.

Besonders große Hunde neigen nach der Kastration zu Problemen mit dem Bewegungsapparat.

Bei sowieso bekannten Problemen mit dem Bewegungsapparat (zum Beispiel kleinen Veränderungen am Hüftgelenk, die bisher ohne klinische Relevanz sind), wäre ich mit der Kastration extrem zurückhaltend, solange es keine wirklich plausiblen Gründe dafür gibt. Man kann nämlich fast darauf warten, dass es danach zu verstärkten Problemen kommt, weil sich der Stützapparat aus Muskulatur zurückbildet. Und was machen wir, wenn ein Hund orthopädische Probleme hat? Genau, wir gehen zur Physiotherapeutin, die die Muskulatur wieder aufbauen und den Stützapparat stärken soll. Das kann aber die beste Physiotherapeutin der Welt ohne Testosteron nicht bewerkstelligen, denn was weg ist, ist weg. Darum ist es ebenso wichtig, sich vorher über die Konsequenzen bewusst zu sein! Außerdem führt Testosteron zu einer größeren Robustheit der Knochen, zu einer schnelleren Neubildung nach Verletzungen und zu einem insgesamt stabileren und festeren Bindegewebe – alles Dinge, die man bei Problemen mit dem Bewegungsapparat gut gebrauchen kann!

Kastration und Demenz

Bekannt ist von Labortieren, aber auch beim Menschen, dass die Sexualhormone einen gewissen Schutz gegen die Demenz bieten beziehungsweise dass bei der Frau in den Wechseljahren nach dem Wegfall der Sexualhormone (= Zustand einer kastrierten Hündin) das Risiko für die Entstehung einer Demenz ansteigt.

Östrogen ist einer der Hauptregulatoren des Stoffwechsels im jungen weiblichen Gehirn und steuert Transport und Aufnahme der Glukose sowie ihren Abbau zur Energiegewinnung. Die Bildung neuer Synapsen erfordert Energie: ohne Östrogen keine Energie, ohne Energie keine neuen Verbindungen zwischen den Nervenzellen. Es kommt zu einer „bioenergetischen Hirnkrise" und in deren Folge zu kognitiven Beeinträchtigungen: zeitliche und räumliche Desorientierung, Vergesslichkeit, senile Körbchenflucht etc.

Aber nicht nur beim weiblichen Geschlecht, auch bei männlichen Tieren weiß man, dass Testosteron eine protektive Wirkung auf die Hirnfunktion hat beziehungsweise, dass ein nachlassender Testosteronspiegel beim Mann zu verstärkten Demenz- und Depressionsproblemen führt. Und nichts anderes ist eine Kastration: der Wegfall der Sexualhormone mit allen Folgen, auch auf das Gehirn.

Kastraten haben ein höheres Demenzrisiko.

Das Luteinisierende Hormon (LH) und seine Auswirkungen

Wie bereits geschrieben, ist das Luteinisierende Hormon eines der beiden Gonadotropine aus der Hirnanhangsdrüse, das zusammen mit dem follikelstimulierenden Hormon die Sexualorgane zur Produktion von Sexualhormonen anregt.

Eine aktuelle Studie zeigt einen Zusammenhang zwischen den potenziellen Folgen einer Kastration und dem Einfluss des nach der Kastration ansteigenden Spiegels an LH und seinen Rezeptoren.

Der Anstieg erfolgt, weil die Rückmeldung „von unten“ fehlt, da „unten“ nichts mehr ist, was Rückmeldungen geben könnte. Das LH verfügt nämlich ausschließlich über einen gonadalen Rückkoppelungsmechanismus, der aber mit den Gonaden bei der Kastration entfernt wurde. Dasselbe passiert übrigens bei der Frau in den Wechseljahren, weswegen die kastrierte Hündin dafür in der Forschung durchaus als Modell dient.

Die Rolle des FSH ist noch nicht abschließend geklärt, allerdings gibt es dafür auch Rückkoppelungen außerhalb der Gonaden.

Nach der chirurgischen Kastration

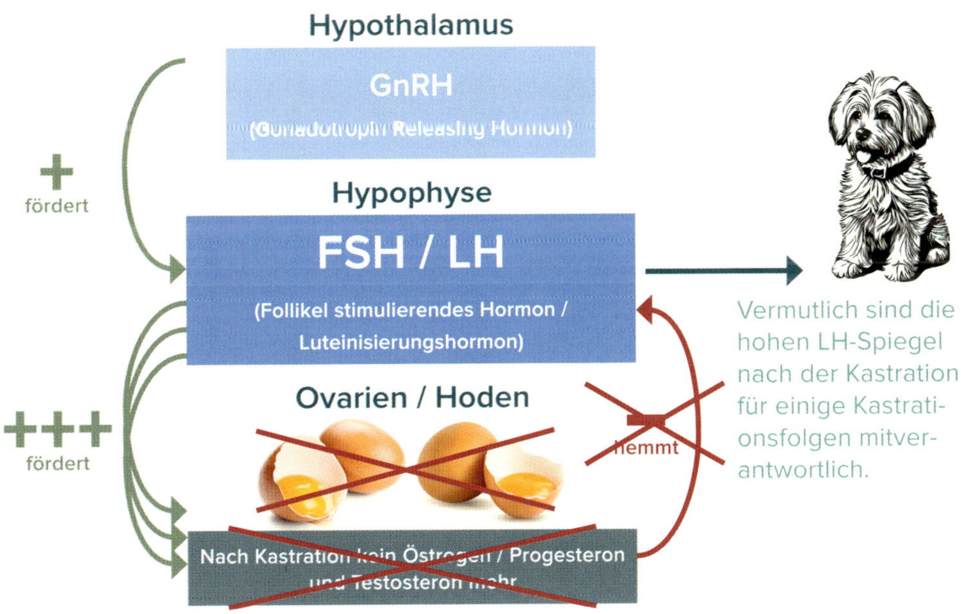

Weil die Rückmeldung „von unten“ durch Östrogen / Progesteron / Testosteron, und dadurch die Hemmung fehlt (Heizkörper ausgebaut), haben Kastraten erhöhte FSH-/LH-Werte, da das Gehirn weiterhin versucht zu stimulieren, was nicht mehr da ist.

Hund: ©Сергей Тарасюк/stock.adobe.com
Eier links: ©andriigorulko/stock.adobe.com
Eier rechts: ©Jobar/stock.adobe.com

Bei gonadektomierten Hunden betragen die LH-Konzentrationen mehr als das Dreißigfache der Konzentrationen, die bei normalen erwachsenen Hunden gefunden werden, wie eine Untersuchung von Beijerink et al. von 2007 zeigte.

LH-Rezeptoren finden sich nahezu überall im Körper, nicht nur im Fortpflanzungstrakt. Der genaue Zweck von LH-Rezeptoren in nicht-reproduktiven Geweben ist noch nicht näher bekannt, aber man weiß, dass sie eine Zellteilung induzieren und die Freisetzung von Stickoxid stimulieren. Nach der Kastration wird die Anzahl dieser Rezeptoren durch den dann dauerhaft erhöhten LH-Spiegel in nicht-reproduktivem Gewebe noch mal deutlich erhöht, weil Rezeptoren mit ihren Aufgaben wachsen, was vermutlich eine Ursache für zahlreiche gesundheitliche Komplikationen durch die Kastration ist.

Spannend hierzu sind die Untersuchungen von Michelle A. Kutzler, die bereits 2020 LH-Rezeptoren in zahlreichen Geweben nachgewiesen hat, die für die Entstehung zahlreicher negativer Kastrationsfolgen verantwortlich sind. So finden sich LH-Rezeptoren in hoher Anzahl vor allem bei Kastraten zum Beispiel im Hypothalamus, der an der Sättigung beteiligt ist, aber auch im Magen-Darm-Trakt, was eine mögliche Erklärung für die **Gewichtsprobleme** vieler Kastraten sein könnte.

Ebenso werden im gesamten unteren Harntrakt LH-Rezeptoren exprimiert, also gebildet, und nachgewiesen ist auch hier eine deutlich höhere Konzentration an diesen Rezeptoren bei kastrierten Tieren. Besonders kastrierte Hündinnen mit einer **Harninkontinenz** haben im Vergleich zu intakten Hündinnen eine deutlich höhere Anzahl an LH-Rezeptoren im unteren Harntrakt. So konnte Iris Reichler nachweisen, dass die Behandlung mit einem Depot-GnRH-Analogon (Deslorelin = „Kastrationschip für Rüden"), das durch seine Wirkung im Gehirn bei chirurgisch kastrierten Tieren – egal ob Rüde oder Hündin – auch noch LH und FSH herunterreguliert, bei neun von 22 Hündinnen zu einer hundertprozentigen Verbesserung der Inkontinenz für 70 bis 575 Tage, und bei weiteren zehn Tieren zu einer Teilwirkung mit einer Verminderung der Inkontinenz um mindestens 50 Prozent führte. In einer anderen Studie wurden sieben von elf inkontinenten Hunden durch die alleinige Gabe eines Depot-GnRH-Analogons für durchschnittlich 247 Tage wieder kontinent. Weiter wird vermutet, dass LH auch für das dreifach gesteigerte Risiko für Harnsteine bei kastrierten Tieren mit verantwortlich sein könnte.

Auch in der Schilddrüse finden sich zahlreiche LH-Rezeptoren, deren Anzahl bei Kastraten ansteigt, und die sich direkt neben den Rezeptoren für das TSH (Schilddrüsen-stimulierendes Hormon) befinden. Eine Hypothese ist, dass die kontinuierliche Aktivierung des LH-Rezeptors den Wirkungsmechanismus von TSH (Thyroidea stimulierendes Hormon) in der Schilddrüse stört, was dann eine **Hypothyreose** nach sich ziehen könnte.

Zudem finden sich auch im Hüftgelenk beziehungsweise dem Knochen und Knorpel des Oberschenkelkopfes Bindungsstellen für LH, deren Wirkung unter Umständen auch die Auswirkungen einer **Hüftgelenksdysplasie (HD)** verschlimmern können. Auch kann eine erhöhte Aktivierung des LH-Rezeptors im kranialen Kreuzband zu einer erhöhten Lockerheit und damit einem erhöhten Risiko für **Kreuzbandrisse** führen.

Vermutlich ist es nicht weiter verwunderlich, dass auch in der **Prostata** zahlreiche LH-Rezeptoren vorhanden sind und auch hier die Anzahl nach der Kastration ansteigt. Ein Zusammenhang zum gesteigerten Risiko für bösartige Prostatatumore bei Kastraten ist bisher nicht konkret nachgewiesen, aber denkbar.

Überdies wurden auch in Gefäßendothelzellen und in **Hämangiocarkomen** („Milztumoren") LH-Rezeptoren nachgewiesen, was das gehäufte Auftreten dieser Tumore bei kastrierten Hunden erklären könnte.

Gleiches gilt für **Mastzelltumore**, da LH-Rezeptoren nicht nur reichlich in der Haut, sondern auch schon in Mastzelltumoren nachgewiesen wurden. Darüber hinaus wiesen Mastzelltumore von gonadektomierten Hunden insgesamt signifikant mehr LH-Rezeptor-positive Mastzellen auf. Sollte sich dieser Zusammenhang bestätigen, könnte ein GnRH-Analogon unter Umständen sogar das Wiederauftreten der Tumore bei kastrierten Hunden verhindern und so bei betroffenen Hunden zu einer längeren Überlebenszeit beitragen.

Nicht zuletzt befinden sich die LH-Rezeptoren auch in Lymphozyten und Lymphgewebe. Nachgewiesen ist eine signifikant erhöhte Konzentration zirkulierender LH-Rezeptor-positiver T-Lymphozyten bei kastrierten Hunden, ganze 12,4 Prozent der Zellen in neoplastischen, also vom **Lymphom** (Lymphdrüsenkrebs) befallenen Lymphknoten von Hunden exprimieren LH-Rezeptoren.

Die Rolle der Kastration auf das **Verhalten** ist komplex. Vor allem der Hippocampus sowie der Hypothalamus spielen eine wichtige Rolle bei der Kontrolle von Verhaltensweisen, die in Zusammenhang mit Angst und Aggression stehen. Auch hier finden sich zahlreiche Rezeptoren für LH. Darüber hinaus kann die Verabreichung hoher LH-Konzentrationen bei kastrierten Tieren Aggression und andere Verhaltensänderungen hervorrufen.

Eine spannende Anekdote dazu erzählte Iris Reichler von der Uni in Zürich, die von einer chirurgisch kastrierten Hündinnengruppe berichtete, bei denen die Abgabe wegen kompletter Unverträglichkeit im Raum stand. Als letzter Versuch wurde den beteiligten, bereits chirurgisch kastrierten Tieren ein GnRH-Analogon in Form des Kastrationschips verpasst – und sie leben bis heute friedlich zusammen.

Auch bei der kaninen kognitiven Dysfunktion (**Demenz**) kann ein Anstieg des

LHs und seiner Rezeptoren eine mögliche Erklärung liefern: Ein Anstieg des luteinisierenden Hormons geht mit einem Rückgang der kognitiven Leistungsfähigkeit einher und darüber hinaus erhöhen steigende LH-Konzentrationen die Bildung von sogenannten Beta-Amyloid-Plaques, die an der Entstehung von Alzheimer beim Menschen beteiligt sind.

Das sind sehr spannende neue Erkenntnisse, die bei kastrationsbedingten unerwünschten Folgen durch eine Runterregulation von LH und seiner Rezeptoren durch ein GnRH-Analogon unter Umständen das Potenzial haben, unerwünschte Kastrationsfolgen abzuschwächen. Beispielsweise zur kastrationsbedingten Inkontinenz oder Fellveränderungen gibt es ja bereits die erwähnten Studien und zu manch anderem Zusammenhang immerhin Fallberichte.

Im Moment läuft auch eine (bei Erscheinen dieses Buches leider noch nicht veröffentlichte) Doktorarbeit von Johanna Leber aus Berlin zu Rüden, die nach der Kastration Opfer **„sexueller Belästigung"** wurden, also für andere Rüden unwiderstehlich riechen und entsprechend penetrant von Artgenossen verfolgt werden, was bei vielen kastrierten Rüden der Fall ist. Das ist oftmals kein kleines Problem, weil es für den betroffenen Rüden dauerhaften Stress bedeutet, aus dem heraus oft viele Konflikte – bis hin zu ernsthafter Aggression – entstehen können. Die Ergebnisse der Dissertation deuten aber auch auf einen Zusammenhang mit erhöhten LH-Spiegeln und -Rezeptoren hin: In der Verumgruppe, also bei den Hunden, die tatsächlich den Wirkstoff Deslorelin und kein Placebo verabreicht bekamen, haben über 50 Prozent der Halter einen positiven Effekt, sprich weniger Attraktivität ihrer Rüden für andere Rüden festgestellt. Parallel ergab die Auswertung der entnommenen Blutproben, dass der Chip bei allen Rüden der Kontrollgruppe Einfluss auf das LH hatte und wieder zu einem Absinken auf das physiologische Normalniveau führte.

Eine veröffentlichte Fallstudie, auch von Michelle Kutzler von der Oregon State University, stützt die Vermutung der Beteiligung von LH an diversen unerwünschten Kastrationsfolgen: So entwickelte ein junger Rüde, der mit sieben Monaten chirurgisch kastriert wurde, um in den USA vermittelt werden zu dürfen, nach der Kastration bis zum Alter von einem Jahr massive Probleme mit einer deutlich eingeschränkten Mobilität, starker Lahmheit hinten rechts, schneller Gewichtszunahme und Angst vor unbekannten Menschen.

Das Tierärzteteam behandelte ihn drei Jahre lang mit Schmerzmitteln, Gelenkpräparaten, Thyroxin, Antidepressiva und diätetischen Maßnahmen, wobei zwar die Lahmheit nachließ, er jedoch nach wie vor eine eingeschränkte Beweglichkeit zeigte. Im Alter von drei Jahren war es aufgrund der Ängste nicht mehr möglich, mit ihm das Haus zu verlassen, weswegen das Problem des Übergewichts im wahrsten Sinne zunahm. Die Bestimmung seines LH-Spiegels ergab einen – im Vergleich zu anderen kastrierten Hunden – dreifach erhöhten LH-Wert. Zunächst startete man den Versuch einer Testosteron Ersatztherapie, was zwar sowohl zu einer besseren Bemuskelung und Beweglichkeit, als auch zu weniger Lahmheit, etwas reduzierter Angst und Unruhe führte, aber dennoch blieben seine LH-Werte hoch. Daraufhin bekam er ein GnRH-Analogon (Deslorelin) implantiert, um auch das LH herunterzuregulieren, und fortan ging der Appetit zurück, er nahm ab, bewegte sich und spielte wieder vermehrt, und seine Ängste sind inzwischen beherrschbar und eine Verhaltenstherapie endlich möglich. Sowohl der Hund als auch die Halterin (und Mitautorin dieses Fallberichts) sind glücklich.

Allerdings fehlen bisher kontrollierte, randomisierte klinische Studien. Bis wir diese haben, bleibt im Zweifelsfall nur der Versuch, denn der macht ja bekanntlich kluch und schadet in dem Fall nicht, da man dadurch eben nicht, wie oft vermutet wird, weitere Hormone in den Hund „hineinpumpt", sondern nur zu Ende bringt, was die chirurgische Kastration, die ja viel weiter unten greift und erst zu den erhöhten Spiegeln an LH und dessen Rezeptoren führt, „übrig gelassen" hat.

Andere Studien, etwa zur Inkontinenz, haben ja bereits erste positive Effekte gezeigt, und dass diese Zusammenhänge Anlass zur Hoffnung auf Abschwächung unerwünschter Kastrationsfolgen geben können, war auch der Tenor auf dem letzten Reproduktionssymposium, auf dem ich neben lauter Reproduktionsmedizinern referieren durfte.

Vermutlich ist der LH-Anstieg auch für die sexuelle Belästigung vieler kastrierter Rüden verantwortlich.

KASTRATION AUS VERHALTENS-GRÜNDEN

Wie bereits weiter vorne dargestellt, werden vor allem bei den Rüden die meisten aus Verhaltensgründen kastriert, sprich aus der Hoffnung einer Verhaltenstherapie mit dem Skalpell heraus. Doch ist diese Hoffnung berechtigt? Sicherlich kann in Einzelfällen eine Kastration das Training unterstützen und den Hund ansprechbarer machen, aber aktuelle Studien zeigen inzwischen, dass sich eine Vielzahl von Verhaltensthemen durch eine Kastration auch verschlimmern können.

Außerdem muss an dieser Stelle noch mal deutlich auf den Unterschied zwischen Verhaltensproblemen und echten Verhaltensstörungen hingewiesen werden: Während das Verhaltensproblem zum Normalverhalten eines Tieres gehört, das in der Regel zwar für den Halter, aber nicht für den Hund problematisch ist (zum Beispiel Jagen, Markieren, das Zerstören von Gegenständen etc.), stellt eine Verhaltensstörung eine erhebliche Beeinträchtigung für das Tier und sein Normalverhalten dar und geht mit Schmerzen und/oder Leiden für den Hund einher (zum Beispiel Stereotypien, Zwangsstörungen, echte Hypersexualität etc.). Verhaltensprobleme sind in der Regel reine Erziehungsthemen, und in diesem Fall kann eine Kastration auf keinen Fall das Training ersetzen!

Auch sind einzelne Verhaltensweisen nie nur einem Hormon zuzuschreiben und entsprechend durch die Wegnahme dieses Hormons zu behandeln, sondern entstehen aus einer Vielzahl von Faktoren, wie zum Beispiel der Genetik, der Epigenetik, der Umwelt, medizinischen Problemen, erlerntem Verhalten etc.

Insgesamt gilt es also, sich vorher gut zu informieren und sowohl die medizinischen als auch die Verhaltensthemen gut abzuwägen, um hinterher keine böse Überraschung zu erleben.

Wichtige Fragen vorab

Bei der Hündin gibt es eine erste, wichtige Faustregel: Treten die Probleme – welcher Art auch immer – ausschließlich in bestimmten Zyklusphasen auf? Also handelt es sich beispielsweise um eine Aggression gegenüber anderen Hündinnen, die nur im Proöstrus oder Östrus auftritt? Oder um Jungtierverteidigung im Diöstrus? Ist sie in der Scheinträchtigkeit oder im gesamten Zyklusgeschehen immer extrem unsicher oder geräuschempfindlich?

Bei Hündinnen stellt sich zunächst die Frage, ob die Probleme zyklusbedingt sind oder unabhängig davon auftreten.

Dann liegt der Verdacht nahe, dass die Kastration helfen könnte, denn wo kein Zyklus, da sind auch keine zyklusbedingten Probleme mehr. Treten Problem unabhängig vom Zyklusgeschehen auf, hängen sie auch nicht mit den zyklusbedingten Hormonschwankungen zusammen und es gilt dasselbe wie beim Rüden.

Auch ganz prinzipiell gilt, dass die Kastration nur auf Verhaltensweisen, die durch die Sexualhormone ausgelöst werden und dem sexuellen Dimorphismus entspringen, die also deutliche Unterschiede zwischen männlichen und weiblichen Tieren durch den Einfluss der Sexualhormone aufweisen, einen positiven Einfluss nehmen kann. Alles andere wird durch die Kastration kaum beeinflusst.

Skalpell oder Erziehung?

Im Folgenden besprechen wir die wichtigsten Verhaltensgründe, aus denen Hunde kastriert werden werfen einen Blick in die aktuelle Studienlage. Denn vorher informieren ist besser, als hinterher bereuen!

(Hyper-?) Sexualität

Vor allem bei männlichen Hunden ist stets sehr schnell die Rede von einer vermeintlichen Hypersexualität. Vermeintlich, weil ich sehr oft den Eindruck gewinne, dass sehr vielen Rüden, die Sexualverhalten zeigen, sofort ein pathologisches Geschehen, nämlich eine krankhafte Übersexualität, unterstellt wird. Aber nicht jedes Aufreiten, das ein Hund zeigt, gehört überhaupt zum Sexualverhalten, und wenn es das tut, ist es zunächst noch lange noch nicht „hyper", also nichts Pathologisches, da Sexualverhalten nun mal zum Hund gehört – sonst gäbe es ja längst keine Hunde mehr ...

Im Folgenden kommen wir zunächst zu den Gründen für Aufreiten, die nichts mit dem echten Sexualverhalten zu tun haben.

Aufreiten im Spiel

Kommt man zum Beispiel in eine typische Junghundegruppe, ist es mehr oder weniger normal, dass jeder mal auf jeden aufreitet. Warum? Weil Verhalten aus sämtlichen Funktionskreisen im Spiel wild gemischt und trainiert wird, also auch das Sexualverhalten, das eben nun mal zum Normalverhalten eines Hundes gehört. Solange also alle Kriterien für Spiel erfüllt sind, kann man das ruhig laufen lassen.

Die Kriterien für Spiel sind:

- „Spiel ist entspannt – es braucht ein entspanntes Umfeld und nur stressfreie Tiere spielen"
- Spiel ist das Ziel – es ist eine Aktivität ohne erkennbare Notwendigkeit; Verhalten aus unterschiedlichen Funktionskreisen wird wild gemischt.
- Spiel ist freiwillig und belohnt sich selbst – man kann niemanden zum

Spielen zwingen; es ist durch interne Belohnungssysteme selbstbelohnend.

- Spiel ist variabel – während des Spiels werden verschiedene Verhaltensweisen wie Jagd, Flucht, Kampf, Sexualverhalten sowie soziale Körperpflege beliebig miteinander kombiniert.

Sexualverhalten wird im Spiel genauso trainiert, wie andere Verhaltensweisen.

- Spiel übertreibt – im Spiel lassen sich übertriebene, unökonomische und unvorhersehbare Verhaltensweisen beobachten; es werden extreme Spielgesichter und Bewegungen gezeigt.
- Spiel untertreibt – spielende Hunde zeigen ein Selbsthandicap, sie machen sich schwächer und kleiner als sie sind.
- Spiel ist nicht ernst – der Ernstbezug fehlt.
- Spiel wechselt die Rollen – der Jäger wird zum Gejagten, der Aufreitende steht auch mal unten etc.
- Spiel macht auch mal Pause – Aktion und Stillstand wechseln sich ab, damit die Erregung nicht zu hoch wird und es nicht Richtung Ernst kippt.

Solange diese Kriterien erfüllt sind, kann man auch das Aufreiten auf Artgenossen laufen lassen, denn auch das muss im Spiel trainiert werden. Etwas anderes ist es natürlich, wenn die Kriterien nicht erfüllt sind, es nicht entspannt ist, nicht nur kurze Sequenzen des Aufreitens zwischen Spielelementen aus anderen Funktionskreisen gezeigt werden, und einer der beiden in Bedrängnis gerät, während der andere penetrant und aufdringlich ist. Das gehört natürlich unterbunden, denn dann ist es kein Spiel mehr, auch wenn man auf Hundewiesen regelmäßig anderes hört! Das zu regeln ist ganz klar der Job der Halter, die dafür sorgen müssen, dass ihr Hund nicht von Artgenossen belästigt wird oder entsprechend andere belästigt.

Meier und Schimanski

Vor einigen Jahren war ich mit dem Beagle (oder war der Beagle mit mir) zu einem Rauferseminar eingeladen, bei dem er Teil der „soziopositiven Gruppe“ sein sollte. Der andere Teil der soziopositiven Fraktion war Schimanski, ein ebenfalls intakter, seinerzeit auch mittelalter Rüde. Die beiden haben sich damals gesehen, hatten unmittelbar Herzchen in den Augen und haben beschlossen dem Beagle-Motto „Make love, not war“ treu zu bleiben, die Raufer Raufer sein zu lassen, und sich stattdessen besser den wichtigeren Dingen des Lebens, wie der „Liebe“ hinzugeben. Wir Halterinnen überlegten kurz, ob wir dazwischengehen sollten – schließlich war ihr Job eigentlich ein anderer – beschlossen dann aber, sie machen zu lassen, weil es eben Rollenwechsel, Selbsthandicap und friedliche, glückliche Hunde gab.

Die beiden haben das tatsächlich zwei Tage durchgezogen – passiert ist nichts, außer dass sie vermutlich noch einige Tage nach dem Seminar Hüftschmerzen hatten ... Hier gilt es also darauf zu achten, dass das Verhältnis ausgewogen ist und keiner der Beteiligten Stress hat.

Aufreiten aus Stress

Ein anderer Grund für das Berammeln von Artgenossen kann Stress sein, nämlich in Form einer Übersprunghandlung, die in inneren Konfliktsituationen (zum Beispiel Kampf oder Flucht?) gezeigt wird. Als Übersprungshandlung wird ein Verhalten bezeichnet, das nicht direkt einer bestimmten Ursache zugeordnet werden kann, sondern vielmehr als eine Art Fluchthandlung aus dem Konflikt dient und meist durch Unbehagen oder Stress ausgelöst wird. Solche Übersprunghandlungen können zum Beispiel Kratzen hinter dem Ohr, Gähnen, Grasfressen oder eben auch Aufreiten sein.

Ein weiterer Mechanismus, wie Stress zum Aufreiten führen kann, sind Stereotypien, die ursprünglich dem Stressabbau dienen, sich aber sehr schnell verselbstständigen. Stereotypien sind gleichförmige Bewegungen, die das interne Belohnungssystem befeuern und zur Produktion des Botenstoffes Dopamin, einem Gegenspieler der Stresshormone führen. Anfangs stellt das durchaus ein sinnvolles Verhalten dar, das der Stressbewältigung dient, wird aber unter Umständen sehr schnell zum Selbstläufer und dann auch in Situationen gezeigt, die gar nicht unmittelbar stressig sind. Dann geht es für den Betroffenen darum, sich das Dopamin, das sich so unglaublich gut anfühlt (und leider auch zusätzlich lernverstärkend wirkt) quasi bis zum „letzten Tropfen" zu beschaffen. Das kann so weit gehen, dass sämtliches Normalverhalten auf der Strecke bleibt. Auch in Bezug auf Stress sei noch mal auf den Zusammenhang zwischen Testosteron und dem Selbstaufbau verwiesen. So kann ein Aufreiten bei unsicheren Hunden in entsprechenden Situationen durchaus auch das Ziel haben, den Aufreitenden mental zu stärken und sein Selbstvertrauen zu steigern.

In diesen Fällen wäre also eine Kastration (außer es liegen vernünftige medizinische Gründe, sprich absolute Indikationen vor) kontraindiziert, weil die Sexualhormone als Gegenspieler der Stresshormone fungieren und damit stressdämpfend wirken. Ohne sie steigt der Stress an und stressbezogene Verhaltensweisen werden sich verschlimmern. Prinzipiell gibt es Hinweise darauf, dass eine Kastration das Risiko für eine Stereotypie oder Zwangsstörung – welcher Art auch immer – steigern kann.

Aufreiten aus Dominanz?

Noch immer wird das Aufreiten oft als reine Dominanzgeste oder Imponierverhalten gesehen. Vor allem wenn es an menschlichen Beinen stattfindet, ist oft und schnell der Rat gegeben, dem Hund mal zu zeigen, wer „hier eigentlich die Hosen anhat".

Tatsächlich ist das (Quer-)Aufreiten auch ein Teil des agonistischen Verhaltens: Dabei legt der Angreifer seine Vorderbeine

Aufreiten kann ganz verschiedene Gründe haben.

quer von der Seite oder schräg von hinten auf den Rücken des Gegners, droht oder richtet durch Vorstoßen des Kopfes unter deutlicher Beißhemmung Bisse gegen dessen Nacken. Es kommt in relativ harmlosen Beiß- und Drohsituationen vor und kann sowohl vom ranghöheren als auch vom rangniedrigeren Tier gezeigt werden (Dorit Feddersen-Petersen). Dass dieses Verhalten aber nichts mit Sexualverhalten zu tun hat, sollte bei der Beobachtung schnell klar werden, ebenso dass eine Kastration hier keine Besserung bringen wird.

Aufmerksamkeitsforderndes Verhalten
Auch gibt es Hunde, die schlichtweg gelernt haben, dass sie durch das Aufreiten Aufmerksamkeit bekommen, weil es den Menschen oft so unangenehm ist, dass sie sofort darauf reagieren. Und nach wie vor gilt: Auch negative Aufmerksamkeit ist Aufmerksamkeit und kann Verhalten verstärken.

Dem Aufreiten können also ganz unterschiedliche Motivationen zugrunde liegen, was man nur in der Situation und im Kontext, in dem es gezeigt wird, bestimmen kann. Nicht in allen Konstellationen ist eine Kastration eine wirklich gute Idee! Zunächst würde ich zur Beurteilung durch einen kompetenten Hundetrainer raten, der die Situation einschätzen und richtig einordnen kann, ob es sich um Spiel, Aufregung, Stress, Angst oder auch aufmerksamkeitsheischendes Verhalten handelt, um dann ein entsprechendes Training einzuleiten.

Sexualverhalten

Bei „echtem" Sexualverhalten kommt ein kleines, aber sehr bedeutsames Organ im Gaumendach eines Hundes (und vieler anderer Tiere) zum Einsatz: das Vomeronasalorgan, auch Jacobsonsches Organ genannt. Es ist ein wichtiger Bestandteil der chemischen Kommunikation und dient der Auswertung von Pheromonen, also von Duftstoffen, die von einem Tier produziert werden, um das Verhalten eines anderen zu beeinflussen. Eine besonders wichtige Rolle spielen Pheromone rund um das Sexualverhalten und die Jungtieraufzucht. Damit die gebildeten Pheromone auch ihren Zielort erreichen, an dem sie ausgewertet werden können, müssen sie zunächst in das Vomeronasalorgan des Empfängers gelangen. Dazu wird von diesem zunächst geflehmt (also ähnlich wie beim Pferd die Luft sehr intensiv aufgesogen) und sehr viel gespeichelt. Der produzierte Speichel wird durch Kieferklappern schaumig aufgeschlagen, damit er in das Vomeronasalorgan gespült und dort seine Informationen weitergeben kann. Vor allem das Flehmen und das Kieferklappern wird vielen Hundehaltern (besonders von intakten Rüden) bekannt sein, denn es wird regelmäßig beim Beschnüffeln von Duftmarkierungen, aber auch von weiblichen Genitalien gezeigt.

Ist das Vomeronasalorgan aktiv, sind Pheromone im Spiel und in entsprechendem Kontext weist das auf echtes

Sexualverhalten hin. Auch das gesamte Ausdrucksverhalten des Hundes verändert sich, er bekommt „den Blick“, den ich gar nicht genau beschreiben kann – aber wer ihn kennt, weiß wovon die Rede ist. Der Rüde ist extrem fokussiert und lässt das Objekt der Begierde nicht mehr aus den Augen. Dabei werden die Ohren und die Maulwinkel nach hinten oben gezogen und meist vor Erregung gehechelt. Auch Vokalisierungen wie Fiepen und Winseln werden dabei oft von sich gegeben – und rauben den Haltern liebestoller Rüden regelmäßig den letzten noch verbliebenen Nerv.

Noch normal oder schon drüber?
Wie gesagt, nicht jedes Sexualverhalten, das von Hunden gezeigt wird, ist automatisch auch Ausdruck einer Hypersexualität! Ich glaube, dass viele Halter schlichtweg vergessen oder verdrängen, dass auch Hunden eine Sexualität zusteht beziehungsweise diese einfach dazugehört – auch wenn sie uns durchaus Umstände bereiten kann. Die Sexualität eines Hundes ist also ein problematisches Verhalten für den Halter, in normalen Ausprägungen aber weniger für den Hund.

Vor allem in der Pubertät, in der man sich ja ausprobiert, gehört es fast schon zum guten Ton, jegliche Hündin zunächst interessant zu finden. Aber das legt sich mit der Zeit und zunehmenden Erfahrungen. Abzuwarten und erzieherisch einzugreifen lohnt sich in jedem Fall.

Dennoch gibt es natürlich auch Rüden, die tatsächlich von einer Hypersexualität betroffen sind, also eine echte Störung aufweisen. Betroffene Rüden gehen dadurch tatsächlich ständig gestresst durchs Leben und fressen wochenlang kaum mehr. (Dass ein Rüde nach dem Kontakt mit einer läufigen Hündin erst mal anderes als Fressen im Kopf hat, ist normal, sofern der Zustand sich dann wieder legt und der Appetit wiederkehrt.) Sie singen Arien und sind für nichts anderes mehr zu gebrauchen. Und natürlich kann hier im Einzelfall die Kastration eine gute Lösung sein, um den Stress für Hund und Mensch zu reduzieren.

Das Ausdrucksverhalten lässt keine Zweifel daran, dass es sich hier um echtes Sexualverhalten handelt.

Allerdings fanden Spain und Kollegen in einer Studie von 2004 heraus, dass früh kastrierte Hunde sogar öfter unerwünschtes sexuelles Verhalten zeigen und auch häufiger auf Artgenossen aufreiten. Auch McGreevy stellte 2018 fest, dass vor allem das Aufreiten an Menschenbeinen und Objekten umso schlimmer wird, je früher ein Hund kastriert wird.

Auch das weist darauf hin, dass es sinnvoll ist, einen langen Atem zu haben und den Hund zunächst mal intakt durch die Pubertät gehen zu lassen, um ihm eine Chance zu geben, einen guten Umgang mit seiner Sexualität zu finden. Sollte sich das Verhalten dann nicht bessern, sondern bestehen bleiben, kann der potenzielle Nutzen einer Kastration erneut bewertet werden.

Aber auch dann würde ich auf jeden Fall zunächst zu einem chemischen Probelauf mit dem Deslorelin-Chip raten, um sämtliche Kastrationsfolgen, unerwünschte wie erwünschte, beurteilen und die richtige Entscheidung treffen zu können, denn wie schon erwähnt, gibt es immer wieder Rüden, die die Kastration komplett ignorieren und einfach genauso weiter machen wie bisher. Das liegt vermutlich darin begründet, dass die Rezeptoren für das Testosteron ja nicht durch die Kastration entfernt werden, während die Nebenniere natürlich auch weiterhin geringe Mengen an Testosteron produziert, das diese Rezeptoren nach wie vor bedient.

Auch Untersuchungen an Ratten und Meerschweinchen bestätigen das: wenn man sexuell sehr aktive Ratten/Meerschweinchen kastriert, also den Sexualhormonspiegel in beiden Gruppen auf ein ähnlich niedriges Niveau bringt, bleiben sie weiterhin entweder Sexprotze oder Sexmuffel. Das ändert sich auch nicht, wenn man ihnen danach wieder Testosteron injiziert, also dafür sorgt, dass alle eine ähnlich hohe Testosteronkonzentration aufweisen. Die Menge des Testosterons alleine ist also offenbar nicht ausschlaggebend für das Sexualverhalten.

Auch das Dopamin, das ja von einer Kastration nicht betroffen ist, spielt beim Sexualverhalten mächtig mit hinein: Im Nucleus accumbens, einem Teil des mesolimbischen Systems, das der Motivation und ihrer Aufrechterhaltung dient, wirkt es selbstbelohnend, und im medianen präoptischen Areal des Gehirns löst es Kopulationsverhalten aus. Es kurbelt die Oxytocinproduktion an und hemmt die Prolaktinbildung – und dadurch wird dann auch der Spiegel an Sexualhormonen angehoben, was wiederum die Ausschüttung von Dopamin in den Belohnungszentren weiter anregt.

Sex ist nun mal auch für Hunde extrem selbstbelohnend, und wenn etwas Spaß macht, möchte man es gerne weiterhin haben. Da unterscheiden sich Hunde nicht signifikant von Menschen.

Und nun?
Dennoch ist das „normale Sexualverhalten“ von Hunden durchaus durch erzieherische Maßnahmen zu beeinflussen. Nicht zu dürfen liegt nämlich in der Natur von Kaniden. Bei den Wölfen kommen 80 Prozent der Rüden und zwei Drittel der Fähen nie dazu, ihre Gene weiter zu geben, weil ihr Status das schlichtweg nicht zulässt – und von denen hat man noch keinen beim Psychiater auf der Couch gesehen. Meine Hunde, oder zumindest die Beaglefraktion unter ihnen, würden auch gerne jagen gehen oder sich lieber über mein Essen als über das in ihrem Napf hermachen, dürfen das aber nicht. Und auch ich kann nicht alles tun, was ich gerne tun würde, weil das im Leben einfach nicht möglich ist.

Markieren

Ist in Hundegruppen in den sozialen Medien die Rede vom Markieren, vor allem im Innenraum – hauptsächlich ein Thema von Rüden –, wird schnell zur Kastration geraten. Aber zunächst gehört auch das Markierverhalten zum Normalverhalten von Hunden, da es der Kommunikation dient. Der Empfänger kann allerhand daraus ablesen, sei es das Alter des Senders, seinen Gesundheitszustand oder eben auch das Geschlecht und bei einer Hündin den Zyklusstand, also lauter wichtige Infos, die man in Ermangelung eines eigenen Facebook-Accounts dann an eben am nächsten Laternenpfosten postet.

Markierungsarbeiten im Sonnenuntergang, die Romantik intakter Rüden.

Darum ist das Markieren nach oben getätigter Einteilung zunächst auch ganz klar den Verhaltensproblemen und nicht den Verhaltensstörungen zuzurechnen. Und etwas Weiteres ist an dieser Stelle hoffentlich klar: nicht ins Haus – und draußen auch nicht an jede fremde Hausecke – zu pinkeln, ist eine Erziehungssache und kein Fall für das Skalpell!

Auch der kleine pubertierende Chihuahua begann bereits einen Tag, nachdem er das erste Mal überhaupt das Bein gehoben hat, fleißig im Haus zu markieren, und zwar an jedes Stuhlbein einzeln! Und ich habe viele Stühle. Dazu kam die Aussage einer befreundeten Hundetrainerin, dass sie keinen einzigen intakten Chi beziehungsweise Kleinhund kenne, der das nicht tut, und dass da wirklich nur die baldige Kastration Erfolg versprechend sei. Tja, sie weiß um meinen Sturkopf und wie sie meinen Ehrgeiz anregen kann, denn so etwas kann ich ja auf keinen Fall auf mir sitzen lassen!
Also war sehr schnell eine Hausleine von einem Meter dauerhaft am Chi installiert, und er musste in meiner Nähe bleiben und war ständig unter Beobachtung – man merkt ja, bevor ein Rüde markiert und wartet hoffentlich nicht ab, bis er es tut. In meiner (seltenen) Abwesenheit war er auch mal kurz in der Box (meine Box hat für einen Chihuahua die Ausmaße eines Lofts!), um weitere Erfolgserlebnisse seinerseits zu verhindern. Nach einer knappen Woche war das Thema durch und seither kann ich stolz behaupten, den vermeintlich ersten intakten Chi-Rüden mein Eigen zu nennen, der nicht ins Haus markiert.

Klar war es für mich eine Woche lang vergleichsweise anstrengend, absolut konsequent zu bleiben, aber es hat sich gelohnt. Hunde machen nun mal Arbeit, und wer nicht bereit ist, sich diese zu machen, sondern stattdessen lieber zum Skalpell greifen lässt, sollte sich vielleicht auch keinen Hund zulegen; denn dieser hat mit seinem Markierverhalten im Gegensatz zu uns kein Problem, sehr wohl aber mit dem Wegfall seiner Sexualhormone und dessen Folgen.

Dennoch zeigen Studien, dass die Kastration in den meisten Fällen des Markierens im Haus Besserung bringt, denn es wird durchaus von den Androgenen beeinflusst. So nimmt auch bei Grauwölfen und Kojoten das Markierverhalten in der Ranzzeit zu, parallel zu einem ansteigenden Testosteronspiegel.

Androgene beeinflussen auch das Untersuchungsverhalten von Empfängern der Duftspuren, beispielsweise wenn intakte Rüden mehr Zeit als Kastraten damit verbringen, die Markierungen intakter Weibchen zu untersuchen und darüber zu markieren. Das ist aber laut Lisberg und Snowdon (2009) auch der einzige Unterschied – alle anderen Kombinationen von „wer, wann über wen" markiert, waren unabhängig davon, ob die Hunde noch ihre Sexualhormone besaßen oder nicht.

So verbesserte sich das Problem des „Inhouse-Markierens“ in einer Untersuchung von McGuire (2018) bei 60 Prozent der Hunde nach der Kastration um mindestens fünfzig Prozent, und bei 25 bis 40 Prozent der Hunde kam es sogar zu einer Verbesserung von 90 Prozent. Zusammenhänge mit dem Alter, in dem die Kastration durchgeführt wurde, wurden in dieser Studie aber nicht gefunden. Anders bei McGreevy und Arbeitsgruppe (2018), die in ihrer Studie zwar auch feststellten, dass das Harnmarkieren das einzige unerwünschte Verhalten war, das durch die Kastration reduziert wurde, aber auch, dass es weniger effektiv behoben wird, wenn ein Rüde erst in höherem Alter kastriert wird.

Kurzum: Die Kastration würde bei diesem Problem unter Umständen helfen – aber Erziehung tut es auch. Und wenn man sich noch mal all die gesundheitlichen Risiken kastrierter Hunde vor Augen führt, wird man es hoffentlich zunächst noch mal mit Letzterem – gegebenenfalls mit Unterstützung durch einen guten Trainer – versuchen.

Überdies bin ich mir sicher, dass das Markieren oft aus der Tatsache heraus passiert, dass die Stubenreinheit beziehungsweise die Tatsache, dass man seine Geschäfte nicht im Haus erledigt, häufig nicht wirklich gelernt wurde und bei vielen Hunden in der Pubertät schnell wieder in Vergessenheit gerät, wie vieles anderes auch, wenn man sie nicht noch einmal nett daran erinnert. Dann heißt es „Gehen Sie nicht über Los, gehen Sie direkt zurück zum Training der Stubenreinheit – nachdem Sie den Schlamassel aufgewischt haben!“ Dann ist das Problem aber meist gut in den Griff zu bekommen und sollte schnell wieder der Vergangenheit angehören.

Selbstredend sollten auch medizinische Gründe für einen vermehrten Harnabsatz abgeklärt werden, es kann sich ja auch mal eine Blasenentzündung oder Ähnliches dahinter verbergen.

Viele „Rüdinnen" stehen ihren männlichen Artgenossen um nichts nach, wenn es ums Markieren geht.

Aggression

Vielfach steht hinter Kastrationen, vor allem von Rüden, die Hoffnung oder der Wunsch, dass sie sich positiv auf Aggressionsverhalten auswirken. Während bei Hengsten und Bullen bekannt ist, dass sie nach einer Kastration umgänglicher und händelbarer sind, ist der Zusammenhang zwischen Aggression und Kastration beim Hund laut aktueller Studienlage alles andere als eindeutig.

Die Hoffnung, Aggression quasi mit dem Skalpell amputieren zu können, muss ich also leider bereits an dieser Stelle zunichtemachen, zumal es „die“ Aggression nicht gibt, sondern Aggression ein „Vielzweckverhalten“ ist, dem ganz unterschiedliche Motivationen und damit auch Hormone zugrunde liegen können, die wiederum ganz unterschiedlich auf einen Wegfall der Sexualhormone reagieren.

Jungtierverteidigung

Ein schönes Beispiel hierfür ist die maternale oder auch die paternale, also die von Mutter oder Vater ausgehende Aggression, die der Jungtierverteidigung dient, und die in ihrer Heftigkeit meist der Selbstschutzaggression in nichts nachsteht. Das ist auch verständlich, wenn man sich vor allem bei der Hündin anschaut, wie viel Energie sie in Trächtigkeit und Aufzucht steckt, und wie viele Risiken sie eingeht, um den Wurf gesund groß zu bekommen.

Die hormonellen Veränderungen im Diöstrus können zur verstärkten Jungtierverteidigung führen.

Sowohl die Milchbildung als auch die Brutpflege, also das Versorgen des Nachwuchses und die Jungtierverteidigung, werden vom Hormon Prolaktin aus dem Hypophysenvorderlappen gesteuert.

Wie bereits im Kapitel über den Diöstrus beschrieben, wird es bei der Hündin physiologischerweise ab der zweiten Hälfte der Scheinträchtigkeit in höheren Dosen produziert. Es führt dadurch zu den Auswirkungen der Scheinträchtigkeit/Scheinmutterschaft und versetzt so jede geschlechtsreife Hündin der Familie in die Lage, im Notfall als Amme einzuspringen, sollte der Mutter etwas zustoßen.

Bei Wolfsrüden ist die Prolaktinproduktion abhängig von der Jahreszeit: Sie weisen im Frühjahr, wenn der Nachwuchs da ist, die höchsten, im späten Herbst, wenn Ranzzeit ist und es gilt, sich gegen die Konkurrenz durchzusetzen, die niedrigsten Spiegel auf. Das macht auch Sinn, denn bei den Wölfen kümmert sich der Vater mit um den Nachwuchs und wird durch das Prolaktin auch auf die Brutpflege und die Jungtierverteidigung eingestimmt anstatt anderen Damen nachzustellen.

Auch beim Haushund, der im Gegensatz zum Wolf asaisonal polyöstrisch ist, also jahreszeitenunabhängig mehrmals im Jahr läufig wird, und bei dem der Rüde als kümmernder Vater in der Regel keine Rolle spielt, wird Prolaktin dennoch nach wie vor saisonal produziert, und so steigen die Werte kurz vor der Jahresmitte und kurz vor dem Jahresende an.

Genau gegensätzlich verhält sich Testosteron: Hohe Testosteronkonzentrationen bewirken also immer niedrige Prolaktinspiegel – und umgekehrt. Entweder Sexprotz oder Vater – beides zusammen geht eben schlecht ...

Weiter vermutet man aufgrund von Studien an Labortieren, dass die Prolaktinproduktion auch durch Pheromone, den Umgang mit Jungtieren etc. stimuliert wird, und zwar beim Rüden ebenso wie bei der Hündin. Spannend ist in diesem Zusammenhang auch das sogenannte Couvade-Syndrom (couver = französisch für „ausbrüten"), das bei vielen Männern, deren Partnerinnen schwanger sind, zu Veränderungen im Verhalten in Richtung Brutpflege und Jungtierverteidigung, aber sogar zu körperlichen Veränderungen wie deutlicher Gewichtszunahme bis hin zum Babybauch führt. Auch hier ist ein Anstieg des Prolaktinspiegels bei betroffenen Männern nachgewiesen, der vermutlich ebenso durch Pheromone vermittelt wird und auch den Vater auf den Nachwuchs einstellen soll.

Welpenschutz?

An dieser Stelle kann man auch gleich die Mär vom Welpenschutz klären, der auch zu den oft missverstandenen Mythen rund um den Hund gehört. Die einen sagen, es gibt keinen Welpenschutz, die anderen lassen ihren zehn Wochen alten Chi auf der Hundewiese arglos zu fremden älteren und größeren Hunden laufen, weil „der ja unter Welpenschutz steht", der angeblich dafür sorgt, dass einem Jungtier niemals etwas angetan wird. Dabei sind schlechte Erfahrungen gerade in diesem Alter fatal ...

Um es kurz zu machen: Natürlich gibt es Welpenschutz! Alles andere würde auch gar keinen Sinn machen. Aber er bezieht sich eben nur auf den eigenen Nachwuchs, der zur Familie gehört. Warum sollte man auch den Nachwuchs der „Konkurrenz" schützen?

Prinzipiell muss man beim Hund sogar damit rechnen, dass sich Aggression gegenüber fremden Jungtieren auch beim kinder- oder welpenfreundlichsten Hund aufgrund hormoneller Veränderungen verstärkt, sobald eigener Nachwuchs im Haus ist. Das Problem an dieser Stelle ist, dass sich „eigener Nachwuchs" bei Hunden auch auf den Welpen, den man eben vom Züchter geholt hat, auf den neugeborenen Säugling, der gerade mit der Mutter aus dem Krankenhaus kommt, oder auch auf die Marderwelpen, die man gerade aufpäppelt, ausweitet. Egal, die gehören ja schließlich alle zur Familie und werden entsprechend beschützt – genauso wie viele Hunde bereits in der Schwangerschaft ihres Menschen anfangen, massiv den Babybauch zu verteidigen und niemanden mehr ran zu lassen. Durch das Gleichgewicht zwischen Testosteron und Prolaktin kann eine Kastration hier beim Rüden sogar die Situation verschlechtern, weil durch den Wegfall des Testosterons das Prolaktin zunimmt und so unter Umständen zu verstärkter Jungtierverteidigung führen kann.

Die Jungtierverteidigung ist also ein schönes Beispiel dafür, wie genau man hinschauen muss, um potenzielle Folgen der Kastration zu beurteilen. Im besten Fall wird hier nämlich eine Kastration aus Verhaltensgründen keinen Einfluss auf die Aggression nehmen, im schlimmsten Fall verschlechtert sich das Verhalten sogar noch, weil beim Rüden mit der Kastration der Gegenspieler des Prolaktins entfernt wird.

Vielversprechender als das Skalpell ist es in diesem Fall, dem eigenen Hund unmissverständlich klar zu machen, dass man selbst in der Lage ist, auf den Nachwuchs aufzupassen und dass das nicht die Aufgabe des Hundes ist.

Defensive Aggression
Weiter muss beim Hund zwischen defensiver und offensiver Aggression unterschieden werden. Ein defensiver Hund zeigt in Bedrängungssituationen aktive oder passive Demut, Unterwerfung, oder droht defensiv. Dabei hebt er bei weit nach hinten gezogenen Maulwinkeln seine Lefzen und zeigt seine Zähne sichtbar. Der Kopf ist unterhalb der Rückenlinie abgesenkt, die Ohren sind nach hinten gerichtet – wie auch der gesamte Hund. Die Beine werden eingeknickt, um sich klein zu machen, und die Rute verschwindet zwischen den Beinen.

Das Ganze dient der Distanzvergrößerung; der Hund fühlt sich bedroht und möchte den Ort des Geschehens am liebsten schnellstmöglich verlassen. Allerdings geht er im Zweifelsfall auch kompromisslos nach vorne, wenn er mit dem Rücken zur Wand steht und ihm nichts anderes mehr übrig bleibt, weil die Bedrohung nicht abnimmt – oder er gelernt hat, nur so seine Haut retten zu können.

Offensive Aggression
Anders bei der offensiven Aggression: hier werden die Lefzen mit nach vorne geschobenen Maulwinkeln angehoben, wodurch seine „Waffen“ in den passenden Rahmen gesetzt werden und gut zur Geltung kommen. Dabei wird der Nasenrücken gekräuselt und die Ohren sind nach vorne gerichtet – ebenso wie der gesamte Körperschwerpunkt. Ein angehobener Kopf, durchgedrückte Beine und eine erhobene Rute sollen unterstreichen, wie stark, gefährlich und groß man doch ist.

Hirn oder Hoden, das ist hier die Frage!

Hormone und Neurotransmitter

Neben dem schon ausführlich besprochenen Prolaktin nehmen auch andere Hormone und Botenstoffe Einfluss auf die Aggression des Hundes, so zum Beispiel bei der defensiven Aggression das Stresshormon Cortisol aus der Nebennierenrinde, das stets dann benötigt wird, wenn der Stress länger als nur ein paar Minuten andauert. Cortisol ist keineswegs ein „böses Stresshormon", sondern für uns und unsere Hunde lebensnotwendig, um Stress überhaupt etwas entgegensetzen zu können. Ohne Cortisol würden wir alle sehr schnell an Stress sterben.

Die Sexualhormone, allen voran das Testosteron, sind hingegen Gegenspieler des Cortisols. Sie machen selbstbewusst, steigern das Selbstvertrauen und wirken stress- und angstlösend. Beide Hormone werden aus derselben Grundsubstanz gebildet, und so geht die vermehrte Produktion des einen immer mit einer erniedrigten Produktion des anderen einher.

So ist es nur logisch, dass ein Wegfall des Testosterons durch eine Kastration zu vermehrtem Stress und erhöhten Cortisolspiegeln führt. Lapidar könnte man auch sagen: je weniger Testosteron, desto mehr Angst. Daraus ergibt sich, dass man bei unsicheren, gestressten und angstaggressiven Hunden tunlichst die Finger vom Skalpell lassen sollte. Gerade bei Hunden, die gelernt haben, aus Angst nach vorne zu gehen und Aggression zu zeigen, verstärkt sich dieses Verhalten in der Regel durch die Kastration weiter.

Bei einer offensiven Aggression oder dem Rangverbesserungsverhalten spielt Testosteron dagegen durchaus eine Rolle, wenn auch mehr sekundär: Ein Abfall des Serotoninspiegels führt hier zu einer Auseinandersetzung, und erst wenn einer von beiden Kontrahenten den Kampf für sich entschieden hat, steigt sein Testosteronspiegel an. Das wiederum führt aber zu einem Belohnungseffekt („Hormon des sozialen Erfolges") und unter Umständen zu der Lernerfahrung, dass es sich lohnt, in Auseinandersetzungen mit Kontrahenten zu gehen, weil man sich danach richtig gut fühlt. Vermutlich liegt in diesem Zusammenhang auch begründet, dass die Kastration umso weniger Einfluss nimmt, je später sie stattfindet, weil der Hund bereits abgespeichert hat, dass es sich für ein gutes Gefühl danach durchaus lohnen kann, sich zu kloppen. Hier gilt es also, allzu viele Punkte auf seinem „Erfolgskonto" zu verhindern.

Die Neurotransmitter erfüllen eine ähnliche Funktion wie die Hormone. Auch sie leiten Informationen weiter, allerdings nicht über das Blut, sondern direkt von Nervenzelle zu Nervenzelle. Sie werden von einer Zelle, die als Sender fungiert, in den synaptischen Spalt, also die Lücke zwischen zwei Nervenzellen, abgegeben und binden auf Empfängerseite der Synapse an passende Rezeptoren. Dort können sie erregend oder hemmend wirken – das hängt sowohl vom Transmitter selbst als auch vom entsprechenden Rezeptortyp ab.

Serotonin ist als Botenstoff für viele körperliche Funktionen wichtig: Es spielt eine Rolle bei der Steuerung der Körpertemperatur, des Appetits, in der Schmerzwahrnehmung (niedrige Serotoninwerte lassen Schmerz stärker erscheinen) und des Schlaf-Wach-Rhythmus. Außerdem wird es für die Verdauung und die Blutgerinnung benötigt.

Aber auch in der Verhaltenssteuerung hat Serotonin eine wichtige Funktion und wird wegen seiner stabilisierenden Wirkung auf die Psyche gerne als „natürlicher Stimmungsaufheller" des Gehirns bezeichnet. Es sorgt für mehr Ausgeglichenheit, Gelassenheit, Zufriedenheit und Harmonie. Gleichzeitig hemmt es Angst, Kummer, Gereiztheit, Aggression und Depression. Auch ist es für viele Exekutivfunktionen des Gehirns notwendig wie etwa die Handlungsplanung, die Frustrationstoleranz, die Impulskontrolle und vieles mehr. Solange unser Cortisol und Serotonin im Gleichgewicht sind, kommen wir mit Stressoren gut zurecht, ebenso wie unsere Hunde. In manchen Fällen hört der Stress aber nicht mehr auf und wird chronisch. Dann bleibt der Cortisolspiegel hoch und unterdrückt die Serotoninausschüttung. Es kommt zu einer übermäßigen Stressantwort, die unangenehme Symptome wie Angstzustände und Gereiztheit begünstigt, aber auch zu Schlafproblemen führt.

Einige Studien an Hunden zeigen einen sehr konkreten Zusammenhang des Serotoninspiegels mit aggressivem Verhalten: So fand eine Studie von Rosado (2010) die geringsten Serotoninspiegel bei Hunden mit defensivem Aggressionsverhalten, und aggressive Englische Springer Spaniels mit „impulsiver Aggression" hatten in der Untersuchung von Amat (2013) deutlich geringere Serotoninspiegel als aggressionslose Artgenossen.

Auch Ressourcenaggression wird nach der Kastration in der Regel schlimmer.

Wenn man jetzt noch weiß, dass Testosteron einen wichtigen Einfluss auf den Transport von stimmungsbeeinflussenden Botenstoffen durch den Körper hat und das Bindungspotenzial des Glückshormons Serotonin im Gehirn erhöht, wird schnell klar, dass eine Kastration hier keine gute Idee ist, da sie negativ in den Serotoninstoffwechsel eingreift.

Oxytocin/Vasopressin – keine Bindung ohne Eifersucht!
Der „hormonelle Sozialkleber“ Oxytocin ist chemisch eng verwandt mit dem sogenannten „Eifersuchtshormon“ Vasopressin. Das bedeutet, dass Oxytocin zwar den Zusammenhalt in einer bestehenden Gruppe stärkt, aber durch das Vasopressin, das es mit im Gepäck hat, auch zu einer Abgrenzung nach außen führt. „Freund oder Fremder?“ ist also die Frage für diese beiden Hormone, die im Gehirn auch direkt als Neurotransmitter fungieren. Während Oxytocin Wohlbefinden und Vertrauen fördert, die Bindung zu unseren Hunden stärkt sowie als wichtiger Gegenspieler der Stresshormone unseren Stress in Schach hält, ist das eng verwandte Vasopressin an sozialem Lernen und der Wiedererkennung von Sozialpartnern beteiligt und dient dem „Partnerschutz“, führt also zu „eifersüchtigem“ Verhalten und zur Verteidigung des Bindungspartners.

Beide Hormone werden in der Hypophyse, der Hirnanhangdrüse, gebildet, haben also mit den Sexualorganen nicht viel zu tun, vom bereits erwähnten Anstieg des Oxytocinspiegels mit dem Östrogen abgesehen. Entsprechend hat die Entfernung der Hoden oder auch der Ovarien durch eine Kastration von diesem Zusammenhang abgesehen auch keinen Einfluss auf die Partnerschutzaggression. Was aber hilft, ist auch hier wieder die gute, alte Erziehung: Es liegt an uns, unseren Hunden klar zu machen, dass wir uns unseren Umgang ganz alleine aussuchen und sie das nicht für uns übernehmen müssen.

Noradrenalin, das „Kampfhormon“

Als sogenannter Neuromodulator reguliert Noradrenalin die Kommunikation zwischen Nervenzellen und trägt damit wesentlich zur Kontrolle von Stress, Gefühlen und Aufmerksamkeit bei.

Sowohl Noradrenalin, das Kampfhormon, als auch das eng verwandte Adrenalin, das in der Verhaltensbiologie auch als Fluchthormon bezeichnet wird, sind Stresshormone, die den Sympathikus aktivieren. Beide versetzen den Körper sehr schnell in einen Kampf-oder-Flucht-Modus. Trotz der engen Verwandtschaft und der zum Teil sehr ähnlichen Wirkungen gilt Noradrenalin vorrangig als Neurotransmitter, während Adrenalin primär als Hormon wirksam ist. Beide sind Teil des „aktiven“, also sehr schnell wirksamen Stresssystems und führen zur Kontraktion von Blutgefäßen, Erhöhung des Blutdrucks, Senkung der Pulsfrequenz, und fördern Wachheit, Aufmerksamkeit und Konzentration – was in einer stressigen Situation durchaus sinnvoll ist.

Vor allem das Noradrenalin ist es, das ausgeschüttet wird, wenn es um stressbedingtes Aggressionsverhalten, gerade im Zusammenhang mit Selbstschutz, geht. Außerdem verstärkt es situatives Lernen, was dazu führt, dass eine erfolgreiche Selbstverteidigung unter Noradrenalin künftig zu einer noch schnelleren oder aggressiveren Reaktion führt – die Strategie wurde ja als erfolgreich abgespeichert. Das findet man beispielsweise oft bei der Leinenaggression, bei der der Hund zunächst noch in einer ernsthaften Bedrängungssituation sein muss, um „auszulösen", wohingegen in zukünftigen Situationen oft ein viel größerer Abstand für aggressive Reaktionen ausreicht.

Während das Hormon Noradrenalin, genau wie Adrenalin, im Nebennierenmark gebildet wird, hat es seinen Ursprung als Neurotransmitter direkt im Gehirn, genauer gesagt im Locus caeruleus und den Neuronen des Sympathikus. Sowohl Noradrenalin als auch Adrenalin haben also mit den Sexualorganen ungefähr so viel am Hut wie ein Beagle mit einem Antijagdtraining. Dass die Kastration hierauf keinen Einfluss nehmen kann, sollte also klar sein.

Studienlage Aggression

Auch die Studienlage zum Zusammenhang von Aggression und Kastration macht keine allzu große Hoffnung: Nicht nur, dass die Aggression oft nicht von einer Kastration beeinflusst wird, nein, sie kann Aggressionsverhalten sogar verstärken: Laut einer Studie von Roulaux (2020), in der 58 Prozent der Halter von kastrierten Rüden (n=145) unerwünschtes Verhalten, und hiervon 50 Prozent konkret Aggression als Kastrationsgrund angaben, berichteten die meisten Halter davon, dass es keinen Einfluss auf die Aggression des Hundes durch die Kastration gab. Die zweithäufigste Antwort hingegen war eine Abnahme der Aggression bei Hunden, die kastriert wurden, um unerwünschtes Verhalten zu korrigieren, aber eine Zunahme bei Hunden, die aus anderen Gründen kastriert wurden.

Farhoody hat einen geringen Anstieg der gegen Fremde gerichteten Aggression bei kastrierten Hunden festgestellt, und auch ältere Studien zeigten, dass die Kastration die Aggression gegen Fremde nicht verbessern konnte. In mehreren Studien wurden verschiedene Formen der Aggression bei Rüden, die aus Verhaltensgründen kastriert wurden, anhand von Befragungen der Besitzer oder Fragebögen untersucht. Eine solche Studie mit 57 Hunden ergab, dass die Aggression gegenüber Familienmitgliedern bei 30 Prozent der Hunde abnahm, während die Aggression gegenüber Fremden oder Eindringlingen bei nur zehn Prozent der Hunde nach der Kastration zurückging (Neilson, 1997).

Auch Kaufmann et al. stellten 2017 fest, dass kastrierte Rüden emotional instabiler sind und eine größere Tendenz zu aggressivem Verhalten zeigen. Guy (2001) sowie Hsu und Sun (2012) fanden bei kastrierten Hunden höhere Raten an Aggression gegen den eigenen Halter.

In vielen Studien weisen kastrierte Hündinnen im Vergleich zu kastrierten Rüden eine höhere Wahrscheinlichkeit auf, Aggression gegen Menschen (Podberscek und Serpell, 1996; Guy, 2001; Kim, 2006; Bálint, 2017; D'Onise, 2017) und stark reaktives Verhalten zu zeigen (Lorenz, 2019).

Auch die Ressourcenaggression ist bei kastrierten Hunden im Vergleich zu intakten Hunden stärker ausgeprägt, was Reisner bereits 2007 nachwies. Und bei Kindern, die mit Hundebissen im Zusammenhang mit Ressourcenverteidigung ins Krankenhaus eingeliefert werden mussten, war die Wahrscheinlichkeit, dass sie von einem kastrierten Hund gebissen wurden, statistisch gesehen höher (Jacobs, 2018).

Aber auch hier stellt sich natürlich die Frage, ob in dieser Studie nicht auch viele Hunde erfasst wurden, die wegen einer Aggression kastriert wurden, das Problem also bereits vorher hatten. Karen Overall, eine US-amerikanische Verhaltensmedizinerin, gibt einen Anstieg der Ressourcenverteidigung von 60 Prozent bei kastrierten Hündinnen an. Dennoch ist die Wahrscheinlichkeit, dass kastrierte Rüden Ressourcen verteidigen größer, als bei den kastrierten Hündinnen, ergaben Studien von Guy (2001) und Jacobs (2018).

An dieser Stelle sei auch auf die Fragebogenstudie von McGreevy (2018) hingewiesen, die den Einfluss des Alters bei der Kastration auf das Verhalten untersucht hat. Zugrunde lag hier für die Befragung der C-BARQ. Erhoben wurden die Daten von 6.235 Rüden, und die Ergebnisse zeigen einen deutlichen

Unsichere Hunde zu kastrieren ist ein No-Go, solange es keine plausiblen medizinischen Gründe gibt!

Zusammenhang zwischen Kastrationsalter und Aggressivität beziehungsweise Ängstlichkeit: Je früher der Hund kastriert wurde, umso höher war die Wahrscheinlichkeit für Problemverhalten im Bereich Angst und Aggression. Und auch hier zeigten kastrierte Rüden mehr Ressourcenaggression gegenüber Artgenossen und Menschen als ihre intakten Artgenossen.
Auch Zink und Kollegen kamen in ihrer Fragebogenstudie aus dem Jahr 2014 zu dem Ergebnis, dass Tiere, die mit weniger als einem halben Jahr kastriert wurden, im Vergleich zu unkastrierten Artgenossen ein erhöhtes Risiko für Verhaltensauffälligkeiten jeglicher Art aufwiesen.

Unsicherheit, Angst und Furcht

Bei Unsicherheit, Stress und Furcht ist nach Studienlage auch kein besserer Einfluss der Kastration auf das Verhalten zu erwarten als bei der Aggression. Alles andere wäre auch überraschend gewesen, da beides zum Teil durch dieselben hormonellen Regelkreise gesteuert wird. Zunächst muss aus verhaltensbiologischer Sicht zwischen der Angst und der Furcht unterschieden werden: Während sich Furcht stets auf ein konkretes Objekt oder eine bestimmte Situation bezieht, ist Angst weder konkret objekt- noch situationsgebunden.

Was gemeinhin als Spinnenangst bezeichnet wird, ist meist eine ganz konkrete Furcht.

Das, was wir klassischerweise als Spinnenangst bezeichnen, nämlich unsere Reaktion, wenn eine Spinne vor uns an der Wand sitzt, ist eine sehr konkrete Furcht, die durch die Beteiligung der aktiven Stresshormone aus dem Nebennierenmark gesteuert wird. Das sind das Fluchthormon Adrenalin und das Kampfhormon Noradrenalin, die zu Kampf oder Flucht führen und dadurch auch ganz konkreten Handlungsoptionen führen: Ich kann flüchten und vorher das Haus abfackeln oder ich nehme den Kampf mithilfe eines Staubsaugers oder dicken Buches auf.

Anders bei der Angst, die keine konkrete Situation oder ein konkretes Objekt benötigt – und an dieser Stelle werden mir alle Leser zustimmen, die Spinnen ähnlich gerne mögen wie ich: Noch schlimmer als die konkrete Spinne an der Wand ist die Spinne mit unbekanntem Aufenthaltsort! Gegen die kann ich nämlich weder kämpfen noch vor ihr flüchten, sondern ich bin ihr vermeintlich ausgeliefert. Konkrete Handlungsmöglichkeiten ohne konkrete Spinne? Fehlanzeige! Vermittelt wird dies durch das klassische Stresshormon Cortisol aus der Nebennierenrinde. Hier wird also klar, dass das, was wir im allgemeinen Sprachgebrauch wild durcheinanderwerfen, nämlich Angst und Furcht, von ganz unterschiedlichen Hormonen gesteuert wird, die zu unterschiedlichen Reaktionen führen.

An dieser Stelle muss aber auch ganz klar darauf hingewiesen werden, dass weder Angst noch Furcht per se Verhaltensstörungen sind, wie das oft kommuniziert wird, sondern zunächst sinnvolle, im Zweifelsfall lebensrettende Reaktionen. Besser man flüchtet gegebenenfalls einmal zu oft, weil die Alarmanlage falsch justiert ist, als dass man bei einer übersehenen Bedrohung schwer verletzt wird oder sein Leben riskiert. Dennoch ist natürlich der Umgang mit und die Bewältigbarkeit von Angst und Furcht entscheidend.
Eine vollkommen überzogene Furcht wäre die Phobie, die sich analog zur Furcht auf konkrete Situationen oder Objekte bezieht (Höhe, Spinnen etc.). Eine übersteigerte Angst ist die Panik, und mit beiden wären wir dann auch im Bereich der Verhaltensstörungen.

Bei betroffenen Hunden liegt es an uns, ihnen durch ein gutes Training beziehungsweise eine gute Verhaltenstherapie soziale Unterstützung sowie gute Bewältigungsstrategien mehr Sicherheit zu vermitteln.

Bei der Furcht hat man es da deutlich leichter als bei echter Angst, denn wenn der Hund ein konkretes Problem hat, zum Beispiel mit Mülltonnen, kann man diese ganz wunderbar für ein Training einsetzen und ihn langsam damit konfrontieren, um eine Gewöhnung (Habituation) oder eine Desensibilisierung zu erreichen. Bei der Angst hingegen bleibt leider nur, ihn allgemein zu stabilisieren, indem man seine Resilienz beispielsweise durch Übungen zur Selbstwirksamkeit steigert, seinen Oxytocinspiegel durch soziale

Unterstützung erhöht und, zum Beispiel durch Nahrungsergänzungen, auch die Gegenspieler des Cortisols stärkt.
An dieser Stelle sind wir direkt bei einem bedeutenden Punkt: Zu den wichtigsten Gegenspielern der Stresshormone zählen die Sexualhormone, die das Selbstbewusstsein steigern sowie angst- und stresslösend wirken. Dass eine Kastration an dieser Stelle ein denkbar ungeeignetes Mittel ist, sollte jedem Leser, der es bis hierhin geschafft hat, bereits jetzt klar sein! Bei ängstlichen Hunden werde ich auch noch mal, wie bei Frühkastrationen, pauschal: Hier ist eine Kastration absolut kontraindiziert, solange es keine triftigen (medizinischen) Gründe gibt, die dafür sprechen! Ausnahme ist auch hier die Hündin, wenn sie ausschließlich in bestimmten Zyklusphasen besonderen Stress hat oder besonders ängstlich ist – denn wo kein Zyklus mehr stattfindet, gibt es auch kein zyklusbedingtes Verhalten mehr.

Studienlage
Die Kastration wird mit zunehmender Angst bei Haushunden in Verbindung gebracht, wie ganz unterschiedliche Studien zeigen (Kaufmann, 2017; Puurunen, 2020), wobei laut McGreevy (2019) und Stallato (2021) besonders Hunde, die vor dem Alter von einem Jahr kastriert wurden, zu übertrieben ängstlichen Reaktionen neigen.

Laut Hakanen (2020) war es vor allem die nicht soziale Angst, die sich verschlimmerte, und auch Vicinic (2013) wies ein verstärktes Problem mit Geräuschängsten bei kastrierten Hunden nach.

Auch Cannas fand 2018 bei den kastrierten Rüden vermehrte Aggression, bei den kastrierten Hündinnen hingegen vor allem gesteigertes ängstliches Verhalten. Die Zusammenhänge zwischen Kastration und Angst scheinen schlüssiger und konsistenter zu sein als die zwischen Kastration und Aggression. Die veröffentlichten Erkenntnisse deuten darauf hin, dass eine Kastration keine geeignete Strategie zur Reduzierung ängstlicher Reaktionen ist und ängstliche sowie angstaggressive Tendenzen verstärken kann.

Auch der schon häufiger erwähnte McGreevy fand 2018 sowohl bei Rüden als auch bei Hündinnen umso mehr ängstliches (und auch aggressives) Verhalten, je kürzer die prozentuale Lebenszeit war, die der Hund von seinen Sexualhormonen profitieren durfte. In dieser Studie, in der Hunde, die aus Verhaltensgründen kastriert wurden, ausgeschlossen waren, gab es nur zwei Verhaltensweisen, die sich mit zunehmender Dauer des Einflusses der Sexualhormone verschlechterten, und das waren die Verlassensangst (intakte Rüden wollen ihre Meute zusammenhalten) und das Markieren im Haus.

Auch wurde der Einfluss der Sexualhormone auf die Persönlichkeitseigenschaften „scheu" und „wagemutig" in einigen Studien untersucht. Hierzu wurde der C-BARQ eingesetzt. So zeigte eine

Überprüfung von 1.054 australischen Begleithunden, dass Rüden höhere Werte für Wagemut aufweisen als Hündinnen, dass aber kastrierte Hunde beiderlei Geschlechts signifikant niedrigere Werte für Wagemut haben, also deutlich unsicherer sind als intakte Artgenossen.

Auch andere Studien haben einen negativen Einfluss der Kastration auf den Wagemut von Hunden ergeben, so etwa eine erhöhte Ängstlichkeit von gonadektomierten Labrador-Retriever-Hündinnen bei Balogh (2018) oder auch in der Studie von Zink (2014) bei männlichen wie weiblichen Vizslas. Auch Kim fand 2005 eine gesteigerte Reaktivität und Vokalisation bei kastrierten Deutschen Schäferhündinnen (Kim, 2006).

In der Studie von Farhoody (2006) mit n = 13.796 Hundebesitzern, die den C-BARQ-Fragebogen ausfüllten, wurde hingegen bei beiden Geschlechtern keine Auswirkung der Gonadektomie auf die Aggression gegenüber vertrauten Menschen oder Hunden festgestellt, dafür jedoch ein kleiner, aber signifikanter Anstieg der Aggression gegenüber Fremden, wenn die Hunde bereits im Alter zwischen 7 und 12 Monaten kastriert worden waren (Farhoody, 2006).

Zusammenfassend lässt sich sagen, dass die Beweise für einen Einfluss der Kastration auf kühnes und aggressives Verhalten uneinheitlich und zum Teil widersprüchlich sind, dass sich aber durchaus daraus ableiten lässt, dass eine Kastration keinesfalls zu weniger ängstlichem Verhalten und Unsicherheit führt.

Kastration und Kognition/ Trainierbarkeit/Lernen/ Reaktivität

In einer Untersuchung von Mongillo (2017) an 64 Hunden, die sich aus intakten und kastrierten Rüden sowie intakten und kastrierten Hündinnen zusammensetzten, wurde die Auswirkung von Geschlecht und Kastrationsstatus auf die Fähigkeit zur räumlichen Orientierung getestet. Überprüft wurde sowohl, wie schnell sie den Ausgang eines Labyrinths fanden und wie viele Wiederholungen nötig waren, bis sie ihn sich merken konnten (Lerngeschwindigkeit), als auch, ob sie die Lösung nach zwei Wochen noch kannten und wieder abrufen konnten (Gedächtnis).
Das Geschlecht wirkte sich auf die Lerngeschwindigkeit und die Genauigkeit

Die Kastration hat auch Auswirkungen auf die Kognition.

der Hunde bei der anfänglichen Lernaufgabe aus, wobei intakte Hündinnen (IH) das Lernziel in weniger Versuchen erreichten und dabei weniger Fehler machten als intakte Rüden (IR), aber auch als kastrierte Hündinnen (KH). Die bessere Leistung der intakten Hündinnen zeigte sich auch in der prozentualen Erfolgsquote sowohl bei den Lern- als auch bei den Gedächtnisaufgaben, die von 100 Prozent der IH, 69 Prozent der IR, 62 Prozent der KH und 56 Prozent der KR erreicht wurden.

Die Sexualhormone sind außerdem für das Lernen von Bedeutung.

Dies deutet auf einen Zusammenhang zwischen den Wirkungen der Sexualhormone im Gehirn und ihren Einfluss auf die Kognition hin.
Gerade – aber nicht nur – die Östrogene spielen auch außerhalb der Fortpflanzung in vielen Gehirnregionen eine wichtige Rolle, beispielsweise für das Lernen und Gedächtnis, aber auch für emotionale Reaktionen, Stimmung und die sensomotorische Kontrolle.
Gründlich untersucht ist auch die Wechselwirkung zwischen Östrogen und Serotonin. Bei Menschen und Labortieren unterstützt Östrogen die Serotoninproduktion und verzögert dessen Abbau im Gehirn. Ein funktionell ausreichender Serotoninspiegel im Gehirn ist nicht nur, wie bereits erwähnt, wichtig für eine gute Stimmung und eine gut funktionierende Impulskontrolle, sondern auch für Lernen und Gedächtnis.

Auch eine weitere Arbeitsgruppe widmete sich der Fragestellung der Auswirkungen der Kastration von Hündinnen auf die Kognition beziehungsweise auf die Problemlösefähigkeit bei sozio-kognitiven Aufgaben (Scandurra 2019). 18 intakte Hündinnen (IH) und 22 gonadektomierte Hündinnen (KH) wurden bei einer Objektwahlaufgabe unter Verwendung einer menschlichen Zeigegeste getestet (Mensch zeigt auf Objekt, Hund muss es finden) und die Häufigkeit richtiger, falscher und Nicht-Entscheidungen (wenn nach zehn Sekunden keine Entscheidung getroffen wurde, wurde dieser Lauf abgebrochen) wurde erhoben; darüber hinaus wurde auch die Dauer bis zum

Fällen der richtigen Entscheidung berücksichtigt. Die IH-Gruppe folgte den Zeigegesten häufiger und mit einer schnelleren Entscheidung als die KH-Gruppe, während es bei der KH-Gruppe eine signifikant höhere Nicht-Wahl-Häufigkeit gab. Die beiden letztgenannten Studien liefern Hinweise auf negative Auswirkungen der Kastration auf die soziale (Zeigegesten) und räumliche (Labyrinth) Wahrnehmung.

Eine Korrelation der Fähigkeit der räumlichen Wahrnehmung und der sozialen Wahrnehmung ist schon länger bekannt und deutet auf eine Beeinträchtigung der Kommunikationsfähigkeiten bei kastrierten Hunden hin. Ein Einfluss des Alters, in dem kastriert wird, ist in diesem Zusammenhang bisher nicht bekannt.

In einer weiteren Untersuchung wurden die Auswirkungen der Gonadektomie auf die Ausbildung von Polizeihunden untersucht (Fattah und Abdel-Hamid, 2020). Die Ergebnisse legen nahe, dass intakte Hunde deutlich besser trainierbar sind als kastrierte. Im Gegensatz dazu stellten Serpell und Hsu (2005) fest, dass kastrierte Sheltierüden besser trainierbar waren als ihre intakten Artgenossen.

Bei Zlotnick (2019) erhöhte eine Kastration im Alter zwischen sieben und elf Monaten die Trainierbarkeit und Konzentration, reduzierte aber gleichzeitig Reaktivität, Hyperaktivität und Beutetrieb – im Vergleich zu einer früheren Kastration vor dem siebten Lebensmonat.
Auch Kim wies 2006 eine gesteigerte Reaktivität und Vokalisation bei kastrierten Deutschen Schäferhündinnen nach, ebenso wie Chung, der 2016 ein häufigeres Auftreten von übermäßiger Aktivität, Bellen und Aggression bei kastrierten Hunden ermittelte. Da ist er dann übrigens ganz schnell dahin, der Traum vom „ruhigeren Hund" nach der Kastration ...

Auch in Bezug auf altersbedingte Veränderungen der Kognition (kanine kognitive Dysfunktion = Demenz des Hundes) im Zusammenhang mit der Kastration gibt es Befunde (Hart, 2001): In einer Kohortenstudie mit 29 sexuell intakten Rüden, 63 kastrierten Hündinnen und 47 kastrierten Rüden im Alter von 11 bis 14 Jahren ergaben sich Beeinträchtigungen in vier Verhaltenskategorien, die mit der Demenz des Hundes in Zusammenhang stehen: Orientierung in Haus und Hof, soziale Interaktionen, Stubenreinheit und Schlaf-Wach-Rhythmus.
Die Halter wurden zu Beginn und erneut nach ein- bis eineinhalb Jahren ausgiebig interviewt und die Ergebnisse ausgewertet: Bei den intakten Rüden war die Wahrscheinlichkeit, dass sich zwischen den beiden Befragungen eine leichte Beeinträchtigung verschlimmerte deutlich geringer als bei den kastrierten Rüden. Die Ergebnisse deuten darauf hin, dass das Vorhandensein von zirkulierendem Testosteron bei alternden, sexuell intakten Rüden das Fortschreiten der kognitiven Beeinträchtigung verlangsamen kann, zumindest bei Hunden, die bereits Anzeichen einer leichten Demenz aufweisen.

Das war übrigens, neben einem durch eine Kastration zu erwartendem Wegfall der Muskulatur, deren Erhalt vor allem beim Hundesenior extrem wichtig wird, auch einer der Gründe, die Klöten des Beagles bis zu seinem Lebensende mit 17 Jahren auf Teufel komm raus zu erhalten – wer schon mal sein Leben, sein Schlafzimmer und seinen Laminatboden mit einem dementen und von seniler Körbchenflucht geplagten Hund geteilt hat, wird das an dieser Stelle nachvollziehen können.

Für das Östrogen gibt es übrigens an Labortieren und Menschen ähnliche Ergebnisse, in dieser Studie an Hunden war aber die Anzahl der intakten Hündinnen zu gering, um eine Aussage treffen zu können.

Kurzum: Die Forschung zu den kognitiven Auswirkungen einer Kastration beim Hund stehen noch ganz am Anfang, aber bisherige Ergebnisse deuten darauf hin, dass die Kastration den kognitiven Fähigkeiten nicht unbedingt zugute kommt. Vielleicht ist manchmal aber auch der Umgang mit einem nicht ganz so schlauen Hund bedeutend einfacher …

Einfluss des Zeitpunktes der Kastration auf das Verhalten

An dieser Stelle wird es Zeit, noch mal näher auf die bereits mehrfach erwähnten Studien von McGreevy/Starling (2018/2019) zum Einfluss des Alters bei der Kastration und der prozentualen Dauer der Exposition gegenüber den Sexualhormonen in Bezug auf die Lebensdauer (PLGH) einzugehen.

Es wurden mithilfe des C-BARQ hundert verschiedene Verhaltensweisen abgefragt und sowohl das Alter bei der Kastration als auch die prozentuale Exposition gegenüber gonadalen Hormonen im Verhältnis zur Gesamtlebenszeit (PLGH = ***P****ercentage* ***L****ifetime Exposure to* ***G****onadal* ***H****ormones*) zum Zeitpunkt der Meldung bestimmt.

Ausgeschlossen waren Hunde, die aus Verhaltensgründen kastriert wurden, in die Studie eingeflossen sind nur Hunde, die aus Gründen der Empfängniskontrolle, aus Gründen medizinischer Prävention, oder weil Züchter beziehungsweise Tierheime dies vorschrieben, kastriert wurden, um das Ergebnis nicht zu verfälschen.

Bei den Rüden gab es bei 6.235 der für die Studie rekrutierten Hunde für vierzig der hundert beurteilten Verhaltensweisen statistisch signifikante Unterschiede zwischen kastrierten und intakten Hunden, von denen 25 mit der PLGH und

14 mit dem Alter bei der Kastration in Verbindung gebracht wurden.

Nur zwei Verhaltensweisen, nämlich das Urinmarkieren in Innenräumen und das „Heulen, wenn man allein ist", also die Verlassensangst, waren bei Hunden mit einer längeren PLGH signifikant häufiger. Auch zeigten kastrierte Hunde, wenn sie „offline" waren, einen besseren Rückruf und apportierten weggeworfene Gegenstände zuverlässiger. Das war es dann aber auch hier mit den positiven Effekten einer Kastration, denn die anderen 36 überprüften Verhaltensweisen mit statistischer Signifikanz waren bei den kastrierten Rüden alle schlechter.
So war eine längeres PLGH mit einem signifikant geringeren Auftreten von 26 (meist unerwünschten) Verhaltensweisen verbunden, wovon sich acht auf Aggression und sieben auf Ängstlichkeit bezogen. Gerade im Aggressionsbereich zeigten sich bei männlichen Kastraten vermehrt Probleme, wenn sich zum Beispiel Lieferanten dem Haus näherten, wenn Fremde am Haus vorbeigingen, wenn Jogger, Radfahrer oder Rollerblader den Hund passierten, aber auch im direkten Kontakt mit unbekannten Hündinnen, oder wenn unbekannte Personen sich dem Halter oder einem anderen Familienmitglied näherten. Auch gegenüber Katzen oder Eichhörnchen stieg die Aggression an, wobei sich hier aber die Frage stellt, ob wirklich Aggression

Das Heulen beim Verlassenwerden gehört zu den wenigen Verhaltensweise, die beim spät kastrierten und intakten Ruden ausgeprägter sind.

gemeint ist oder ob es sich nicht vielmehr um Jagd- und Beutefangverhalten handelt. Die hier berichteten Unterschiede zwischen unerwünschten Verhaltensweisen von kastrierten und intakten Rüden lagen zwischen 5,04 und 12,31 Prozent.

Bei den Hündinnen gab es ähnliche Ergebnisse: Auch bei 8.981 Hündinnen, die vor dem zehnten Lebensjahr aus anderen Gründen als der Verhaltensbeeinflussung kastriert wurden, wurde zunächst die PLGH bestimmt und dann der C-BARQ angewendet.

Hier stellte sich heraus, dass sich 23 Verhaltensweisen zwischen kastrierten und intakten Hündinnen unterschieden, von denen zwölf mit PLGH und fünf mit dem Alter bei der Kastration in Verbindung gebracht wurden. Auch hier waren es zwei Verhaltensweisen, nämlich das Kauen auf Gegenständen und die Verlassensangst, die bei Hündinnen mit langer PLGH signifikant häufiger auftraten. Auch bei den Hündinnen gab es minimal bessere Ergebnisse für den Rückruf und das Apportieren bei kastrierten Tieren. Dennoch war aber auch bei der Hündin eine längere PLGH mit einem signifikant geringeren Auftreten von über zehn, meist unerwünschten Verhaltensweisen verbunden, wovon sich eine auf Ängstlichkeit und drei auf Aggression bezogen. Insgesamt unterschied sich das Auftreten unerwünschter Verhaltensweisen bei kastrierten und intakten Hündinnen um zwischen 5,33 und 7,22 Prozent.

Die wichtigste Erkenntnis dieser Studien: Die vorliegenden Daten legen nahe, dass die negativen Auswirkungen der Kastration bei beiden Geschlechtern umso gravierender sind, je früher die Kastration stattfindet und zeigen, wie wichtig die Sexualhormone und das Durchleben der Pubertät für die gesamte Verhaltensentwicklung sind.

Fazit Kastration & Verhalten

Wie wir sehen, ist Wissenschaft kompliziert und kann auch zum Teil zu sehr widersprüchlichen Ergebnissen führen. Ich habe versucht, auch diese Widersprüche gewissenhaft abzubilden. Das macht es leider nicht einfacher, für das eigene Tier die richtige Entscheidung zu treffen. Aber entgegen dem noch vor ein paar Jahren weit verbreiteten Glauben daran, dass die Kastration eine Wunderwaffe im Kampf gegen unerwünschtes Verhalten darstellt, zeigen fast alle aktuellen Untersuchungen nur einen sehr geringen bis gar keinen Einfluss auf das Verhalten oder – noch schlimmer – sogar eine potenzielle Verschärfung der Probleme.

Erneut sei an dieser Stelle darauf hingewiesen, dass sich sowohl Verhaltensprobleme als auch Verhaltensstörungen nie einer einzigen Ursache oder gar einem Hormon zuschreiben lassen, sondern immer im Zusammenspiel mit vielen Faktoren wie etwa Genetik, Epigenetik, Umwelt, Lernerfahrungen, medizinischen Veränderungen etc. auftreten, sodass man sie eben leider auch nicht durch die Elimination eines Hormons behandeln kann.

Dinwoodie konnte 2019 nachweisen, dass die Wahrscheinlichkeit, dass Verhaltensprobleme auftreten, bei Kastraten beiderlei Geschlechts fast doppelt so hoch ist wie bei den intakten Artgenossen, und Chung ermittelte 2016 ein häufigeres Auftreten von übermäßiger Aktivität, Bellen und Aggression bei kastrierten Hunden.
In einer australischen Erhebung gaben übrigens 61 Prozent der Halter von Rüden und 47 Prozent der Halter von Hündinnen an, ihren Hund nicht erneut aus Verhaltensgründen kastrieren zu lassen, wenn sie noch mal vor der Entscheidung stünden.

Diesen Zahlen kann ich mich durch die jahrelange Verhaltensberatung nur anschließen. Sehr viele Halter bereuen diesen Schritt/Schnitt beziehungsweise die Tatsache, sich vorher nicht ausreichend informiert zu haben, hinterher. Auch ein großer Teil der Halter von vorübergehend mittels Deslorelin chemisch kastrierten Hunden entscheidet sich danach gegen eine endgültige chirurgische Kastration, weil die Erwartungen nicht erfüllt wurden.
Zum Glück gibt es wenigstens beim Rüden die Option eines vorherigen Probelaufs!

Die Kastration führt keineswegs immer zu einem harmonischeren Verhalten.

ALTERNATIVEN ZUR KASTRATION

Je nach Indikation muss es vielleicht gar nicht immer die komplette und irreversible Kastration sein, sondern es kommen vielleicht auch temporäre Lösungen (auch als Probelauf für die chirurgische Kastration) oder eine Sterilisation, also eine Methode, die ausschließlich der Verhinderung der Fortpflanzung dient, ohne in den Hormonhaushalt einzugreifen, infrage. Letzteres wäre sicherlich im Tierschutz wünschenswert und umsetzbar, da gerade Tierschutzhunde durch all die Änderungen in ihrem Leben in der Regel ein Päckchen an Stress mitbringen, der sich in aller Regel nach einer Kastration durch den Wegfall der Sexualhormone, die ja wichtige Gegenspieler der Stresshormone sind, weiter verschlimmert.

Die Sterilisation

Entgegen dem Volksglauben werden keinesfalls männliche Tiere kastriert und weibliche sterilisiert, sondern beides sind ganz unterschiedliche Operationsverfahren, die jeweils bei beiden Geschlechtern möglich sind. Eine Kastration bedeutet immer die Entfernung der Gonaden, also der Hoden oder Eierstöcke. Eine Sterilisation dient ausschließlich der Unfruchtbarmachung des Tieres bei gleichzeitigem Erhalt seiner Sexualhormone.

Bei der Sterilisation geht es ausschließlich um das Verhindern von Nachwuchs, dabei ändert sich am hormonellen Zustand nichts, denn die Hoden (oder Ovarien) sind nach wie vor vorhanden und werden weiterhin mit allem versorgt, was sie brauchen, weswegen sie entsprechend weiter ihren Job tun, nämlich Sexualhormone produzieren. Alles bleibt also, wie es ist, außer dass dadurch quasi die „Fluchtwege“ für die Spermien versperrt sind, weil beim Rüden ein Stück des Samenleiters entfernt wird, was verhindert, dass sie in der Hündin ankommen. Bei der Hündin wäre der entsprechende Eingriff das Durchtrennen der Eileiter beziehungsweise wird die Gebärmutter entfernt, während die hormonproduzierenden Ovarien verbleiben, um so eine Fortpflanzung sicher zu verhindern.

Was sagt das Tierschutzgesetz?

Bevor ich die Methoden vorstelle, möchte ich darauf hinweisen, dass gerade das „alles bleibt, wie es ist“ unter Umständen mit dem Tierschutzgesetz kollidiert, denn gerade weil sich sonst nichts verändert, geht es hierbei ausschließlich um die reine Fortpflanzungsverhinderung und in vielen Fällen um den Wunsch, es sich etwas bequemer machen zu können und nicht mehr aufpassen zu müssen. Aber auch eine Sterilisation ist mit einer Narkose, einer OP und mit entsprechenden Risiken verbunden und sollte keinesfalls zur reinen Haltungserleichterung durchgeführt werden.

Denn das mit dem „nicht mehr aufpassen müssen“ wird nichts, kann ich an dieser Stelle verraten. Ich rate komplett davon ab, Hunde zu sterilisieren, um sie dann „machen zu lassen", weil das Risiko von Verletzungen oder Infektionen einfach zu groß ist. Die Sterilisation von Hunden entbindet also keinesfalls von der Verpflichtung, auf seinen Hund aufzupassen – nur dass eben nichts mehr passieren kann, sollte es doch mal passieren. Auch bei der Hündin gibt es nach der Sterilisation Risiken, vor allem die Entstehung einer sogenannten Stumpfpyometra, weswegen ich mich hier mit Empfehlungen sehr zurückhalte.

Im Gegensatz dazu gibt es für eine Kastration mit *entsprechender individueller Indikation* weitere plausible Gründe für den Eingriff, denn in der Regel dient er ja – je nach Indikation – der Veränderung des hormonellen Status und dadurch der Beeinflussung des Verhaltens oder auch von internen Prozessen, die durch die Wirkungen der Sexualhormone zu gesteigerten, sexualhormonabhängigen Gesundheitsrisiken führen.

Auch eine Vasektomie bringt ein allgemeines Narkose- und Operationsrisiko mit sich.

Besondere Risiken?

Tatsächlich war mein Beaglerüde die letzten Lebensjahre vasektomiert, weil bei einer OP, die schneller ging als gedacht, quasi „Narkose übrig blieb". Extra dafür hätte ich ihm tatsächlich keine Narkose zugemutet. Denn genauso wenig wie vor dem Eingriff auch durfte der arme Kerl sich danach vergnügen und ging dann auch (meines Wissens und meiner Hoffnung nach) entsprechend als Jungfrau in die ewigen Jagdgründe. Der Grund für die Vasektomie war in dem Fall die Tatsache, dass Rita-Line, der Beagle-Terrier-Mix, mit zwei Jahren epileptiforme Anfälle bekam und klar war, dass mit diesem genetischen Risiko auf keinen Fall ein Unfall passieren darf.
Der sollte natürlich auch sonst nicht passieren, aber ich bin nach wie vor weit davon entfernt, eine perfekte Hundehalterin zu sein (in diesem Leben wird das vermutlich auch nichts mehr...), und ebenso weit davon, kategorisch auszuschließen, dass meine Hunde oder ihre Triebe mich auch mal austricksen könnten. Ich denke, davor ist bei aller Sorgfalt niemand gefeit, weil auch das Leben noch ein Wörtchen mitzureden hat.

Ohne das genetische Risiko hätte ich in dem Fall vermutlich gedacht „Shit happens", wäre selbst unmittelbar in eine ausgewachsene Scheinmutterschaft gefallen und hätte beim Anblick der Welpen zusätzlich zum Milcheinschuss Herzchen in den Augen bekommen. Dann hätte ich sie gut, kompetent und mit allem, was Welpen brauchen aufgezogen und fürs Leben fit gemacht, mich vor lauter Anfragen zu Rita-Nachwuchs nicht mehr retten und mich zwischen den Bewerbern entscheiden können – und sie einfach alle behalten.

Aber halt nicht mit dem Risiko, das große Problem der Epilepsie bei Hunden, die inzwischen die häufigste neurologische Erkrankung des Hundes und wirklich fies ist, weiter zu verbreiten. Da fühlte sich für meine diesbezügliche Paranoia dann doch die Vasektomie richtig an, und der Beagle hat sich auch nie darüber beschwert.

Dennoch möchte ich darauf hinweisen, dass diese Methode derzeit sicherlich nicht pauschal empfohlen werden kann, damit Halter nicht mehr auf ihre Hunde aufpassen müssen, sondern nur im Einzelfall nach gründlicher Abwägung und in speziellen Haltungssituationen empfohlen werden sollte, wie zum Beispiel in gemischt-geschlechtlichen Mehrhundehaltungen mit kleinen Kindern, bei denen man eben nicht sicher sein kann, ob die Türen wirklich immer geschlossen sind, oder bei besonderen genetischen Risiken.

Da auch die plötzliche „Merle-Situation“ hier im Hause besondere Risiken birgt – die Verpaarung merlefarbener Hunde kann zu schweren Missbildungen führen – behalte ich mir vor, auch den kleinen Rowohlt zu vasektomieren, wenn es sich mal ergibt. Bis dahin wacht mein Argusauge über das Sexualverhalten der Zwergenfraktion – und das wird es auch danach noch genauso tun!

Auch im Tierschutz wäre es mein Wunsch zur reinen Fortpflanzungskontrolle, die Vasektomie bei Rüden zu etablieren, da diese in der Regel durch die Abgabe bereits gestresst sind und man ihnen dadurch eine zusätzliche hormonelle Umstellung ersparen kann und sollte. Ebenso könnte im Auslandstierschutz die Vasektomie ranghoher Rüden eine Alternative zu derzeit gängigen Kastrationspraktiken darstellen, die laut Studien sowieso nur einen sehr geringen Nutzen haben, da die Populationsgröße weniger davon abhängt, wie viele Tiere man einfängt, „rettet“, kastriert oder tötet, sondern vielmehr von den Bedingungen in diesem Lebensraum und davon, wie viele Ressourcen zur Verfügung stehen, also wie viele Individuen dieser Lebensraum tragen kann.
Eine Sterilisation ranghoher Rüden würde dazu führen, dass feste Sozial- und Gruppenstrukturen erhalten bleiben und dass der Rüde, der keine Kenntnis von seiner Vasektomie hat, weiter fleißig seine Mädels deckt, aber nur noch mit Platzpatronen. Und als weiterhin hormonell intakter Rüde würde er auf keinen Fall zulassen, dass der Konkurrent aus dem Nachbarrevier seine Mädels beglückt. In Kombination mit anderen Maßnahmen, wie zum Beispiel der Verknappung von Ressourcen, der Einbeziehung und Aufklärung der einheimischen Bevölkerung und langwieriger politischer Arbeit vor Ort hätte man so unter Umständen die Möglichkeit, die Population zu verringern.

Es wäre auf jeden Fall einen Versuch wert, bevor man weiterhin Millionen für Kastrationsprogramme verpulvert, deren Nutzen nach aktueller Studienlage gering bis zweifelhaft ist.

Die Vasektomie des Rüden

Die Vasektomie ist bei unserer Spezies inzwischen relativ weit verbreitet, da auch Männer sich – nach Abschluss der Familienplanung – immer öfter um die Verhütung kümmern. Und an dieser Stelle glaubt doch sicherlich keiner, dass sich auch nur ein einziger Mann dieser Welt vasektomieren lassen würde, wenn das auch nur ein Mμ Einfluss auf seinen Testosteronspiegel nehmen würde? Eben! Durch das Durchtrennen des Samenleiters ändert sich nichts am Hormonhaushalt, weswegen es eben keine Methode ist, durch die sich Verhalten oder Gesundheit beeinflussen lassen.

Bei einseitig kryptorchiden Rüden empfiehlt es sich, aufgrund der hohen Erblichkeit des Kryptorchismus, neben der einseitigen Kastration des innenliegenden Hodens die andere Seite zu vasektomieren, wenn der Hund sowieso in Narkose liegt, um eine Fortpflanzung und damit Weitergabe des Kryptorchismus sicher zu verhindern.

Natürlich sollten auch beim vasektomierten Rüden regelmäßig die Hoden und die Prostata angeschaut werden, um Veränderungen und Tumore, die analog zum intakten Rüden auftreten können, beizeiten zu entdecken.

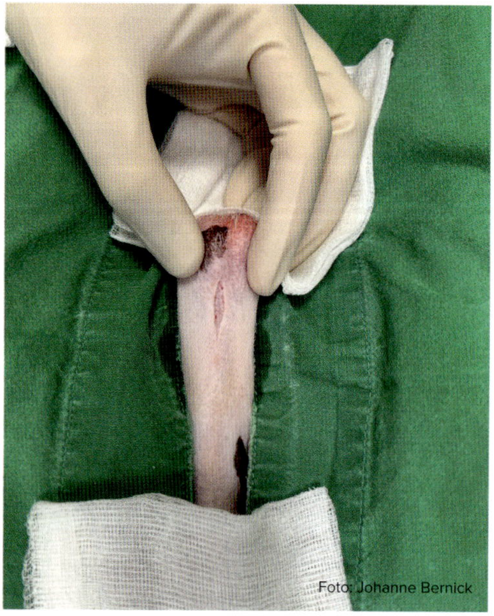

Foto: Johanne Bernick

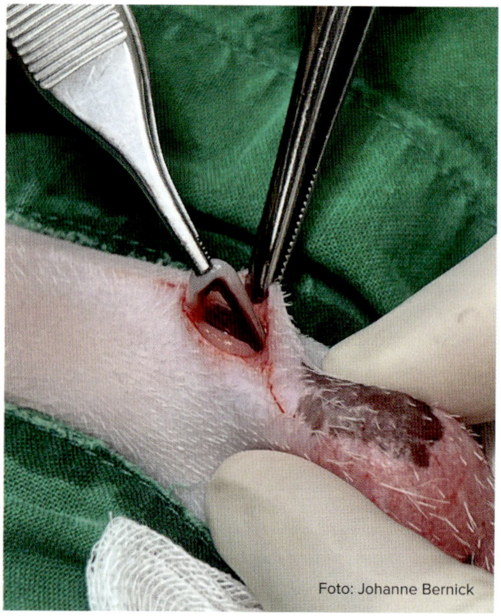

Foto: Johanne Bernick

Bei der Vasektomie wird ein Stück des Samenleiters entfernt.

Sterilisation der Hündin (Ovarian Sparing Spay)

Auch bei der Hündin gibt es die Möglichkeit einer Sterilisation durch eine „Ovarien-erhaltende Hysterektomie“ als die Entfernung der Gebärmutter bei gleichzeitiger Belassung beider Ovarien oder eines Ovars, und damit auch der Sexualhormone. Im Gegensatz zu einer Kastration, bei der entweder die Ovarien entfernt werden (Ovariektomie) oder die Ovarien samt Gebärmutter (Ovariohysterektomie), was den Wegfall der Sexualhormone zur Folge hat, besteht auch hier kein Einfluss auf die hormonelle Situation der Hündin, weil das verbleibende Ovar/die verbleibenden Ovarien ihren Job weiterhin machen und fleißig Hormone produzieren. Eine sichere Fortpflanzungsverhinderung ist aber aufgrund der fehlenden Gebärmutter, in die sich kein Embryo mehr einnisten kann, definitiv gegeben.

Aufgrund fehlender Studien zu Langzeitfolgen habe ich jahrelang komplett davon abgeraten und jetzt festgestellt, dass dieses Verfahren ausgerechnet in den USA, wo man nach jahrzehntelangen pauschalen Frühkastrationen nun auch beginnt, den Eingriff aufgrund der aktuellen Studienlage deutlich kritischer zu sehen und Alternativen zu suchen, durchaus empfohlen wird. Zu beachten wäre unbedingt, dass die Gebärmutter inklusive Gebärmutterhals komplett entfernt wird, damit das Risiko einer sogenannten Stumpfpyometra, also einer Infektion des verbleibenden Restes des Gebärmutterhalses unter dem Einfluss der weiterhin aktiven Sexualhormone, sicher ausgeschlossen werden kann. Das birgt allerdings bei jedem Deckakt das Risiko, dass es zu Infektionen oder Verletzungen kommt oder gar bei einem wesentlich größeren Rüden der verbleibende Gebärmutterstumpf perforiert wird.

Außer der Tatsache, dass die Hündin nicht mehr aufnehmen kann, hat die Sterilisation allerdings keine nennenswerten Vorteile gegenüber einer intakten Hündin: Der Zyklus und die damit eventuell verbundenen Probleme wie interessierte Rüden bleiben weiterhin bestehen, das Verhalten ändert sich nicht, weil sich hormonell nichts ändert (und bei einer Kastration mit entsprechender Indikation soll es das ja). Deckakte müssen, wie bereits geschrieben, aufgrund des Infektions- und Verletzungsrisikos unbedingt weiterhin verhindert werden.

Eine Sterilisation bei der Hündin ist mit Risiken behaftet und bringt nicht wirklich Vorteile.

Die Studienlage

Inzwischen gibt es eine aktuelle Studie von Christine Zink (2023), von der schon die aufsehenerregende Studie zu den gesundheitlichen Folgen und Verhaltensauswirkungen von Kastrationen bei Vizslas stammte, in der die Vor- und Nachteile bei jeweils hormonell intakten, sterilisierten (Vasektomie beziehungsweise OSS) und kastrierten Hunden untersucht wurden.
Insgesamt nahmen an der Studie 6.018 Hunde teil, wovon bei den Rüden 1.056 sexuell intakt, 1.672 kastriert, 58 vasektomiert, und bei den Hündinnen 792 intakt, 2.281 kastriert und 159 hormonerhaltend sterilisiert waren.

Auch hier zeigte sich wenig überraschend, dass eine möglichst lange Präsenz der Gonaden beziehungsweise ein möglichst langer Einfluss der Sexualhormone auf das Tier mit weniger allgemeinen Gesundheitsproblemen und weniger problematischem oder störendem Verhalten verbunden war. Sie korrelierte auch mit einer längeren Lebensdauer.

Des Weiteren bestätigte sich, dass sexuell intakte oder sterilisierte Hunde weniger orthopädische Probleme aufwiesen sowie ein geringeres Risiko für Krebserkrankungen hatten. Bei gonadektomierten Hunden wurde im Vergleich dazu zwar in der Regel erst später im Leben eine Tumordiagnose gestellt, dafür aber deutlich häufiger.

Die problematischen und störenden Verhaltensweisen durch die Kastration nahmen mit zunehmender Dauer des Einflusses der Sexualhormone stetig ab, sprich je später ein Hund kastriert wurde, desto weniger problematisches Verhalten trat auf. Das galt aber natürlich genauso beziehungsweise erst recht für die intakten Hunde. Die Zahl an sterilisierten Hunden war in dieser Studie allerdings eher gering, sodass es doch sehr verfrüht wäre, eine die Ovarien erhaltende Operation zu empfehlen. Solange es hierzu keine neuen Erkenntnisse gibt und aufgrund der damit verbundenen Risiken und sehr überschaubaren Vorteile, rate ich weiterhin davon ab.

Die Vor- und Nachteile

Wie bereits mehrfach erwähnt, nimmt die Sterilisation keinen Einfluss auf den hormonellen Status eines Hundes, was – je nach Sichtweise – sowohl Vor- als auch Nachteile bieten kann. Denn der positive Einfluss der Sexualhormone auf Gesundheit und Verhalten führt zwangsweise auch zu Nachteilen, so etwa, dass ein vasektomierter Rüde eben auch nach wie vor die Libido eines intakten Rüden hat und eine Hündin entsprechend weiterhin läufig wird, auch wenn sie nicht mehr so stark blutet, weil keine Gebärmutter mehr vorhanden ist, die bluten kann. Aber Rüden bleibt dies trotzdem nicht verborgen, also muss der Halter weiterhin aufpassen, dass es zu keinem Deckakt kommt.

Auch müssen, wie bereits angesprochen, nach wie vor die Sexualorgane und alles, was sie beeinflussen, auf Veränderungen hin im Auge behalten werden, also die Prostata und die Hoden des Rüden sowie der verbleibende Gebärmutterstumpf, die Ovarien und auch das Gesäuge der Hündin. Ein Vorteil ist sicherlich, dass bei entsprechender Indikation auch später noch jederzeit kastriert werden kann.

Die „reversible Kastration“

Eine weitere Alternative, vor allem beim Rüden, da das Präparat keine Zulassung für die Hündin hat, ist die sogenannte chemische Kastration mittels „Hormonchip“, die zwar, wie eine chirurgische Kastration auch, zum Abfall der Sexualhormone führt, aber eine zeitliche begrenzte Wirkung hat und dadurch reversibel ist.

Das dafür verwendete Implantat ist etwa so groß wie ein Reiskorn, wird zwischen die Schulterblätter unter die Haut gesetzt, und enthält mit dem Wirkstoff Deslorelin ein sogenanntes GnRH-Analogon, also eine Substanz, die genauso wirkt wie GnRH. Das wiederum setzt interne Rückkoppelungsmechanismen in Gang, die zunächst zu einem Anstieg von GnRH und infolgedessen auch zu einem Anstieg von FSH/LH und Testosteron

Nach chemischer Kastration mit Deslorelin zu Beginn („Erstverschlechterung“)

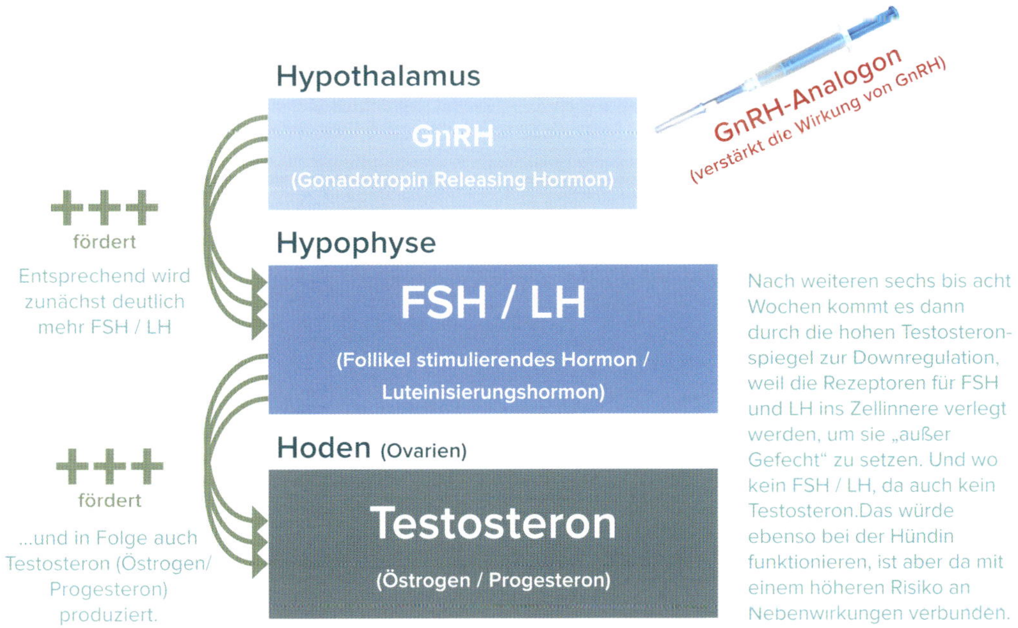

führen – ein Zustand, der auch als „Erstverschlimmerung“ bezeichnet wird. Inzwischen weiß man, dass der initiale Anstieg des Testosterons bereits nach spätestens 48 Stunden wieder Geschichte ist. Allerdings gibt es viele Rüden, bei denen sich bis zu sechs beziehungsweise acht Wochen lang (je nach Größe des Implantats) ein tendenziell eher schlimmeres Verhalten als vorher zeigt, bevor der Testosteronspiegel endgültig heruntergefahren wird. Sicherlich spielt da aber auch ein gewisser Placebo-Effekt der Halter mit hinein, denen vorher von der „furchtbaren Erstverschlimmerung“ erzählt wurde.

Die gute Nachricht ist jedenfalls, dass der Spuk nach sechs bis acht Wochen vorbei ist und der Chip dann die erwünschte Wirkung zeigt: Die Rezeptoren für die Gonadotropine FSH und LH werden internalisiert, also ins Zellinnere verlegt, wodurch sie für das GnRH unerreichbar werden und dadurch ihre Wirkung verlieren. Das führt sowohl zur Down-Regulation von GnRH, FSH/LH als auch der Sexualhormone. Im Gegensatz zur chirurgischen Kastration wird hier also alles komplett runtergefahren, sodass auch der Anstieg des LHs und seiner Rezeptoren ausbleibt.

Nach chemischer Kastration mit Deslorelin nach 6 bis 8 Wochen

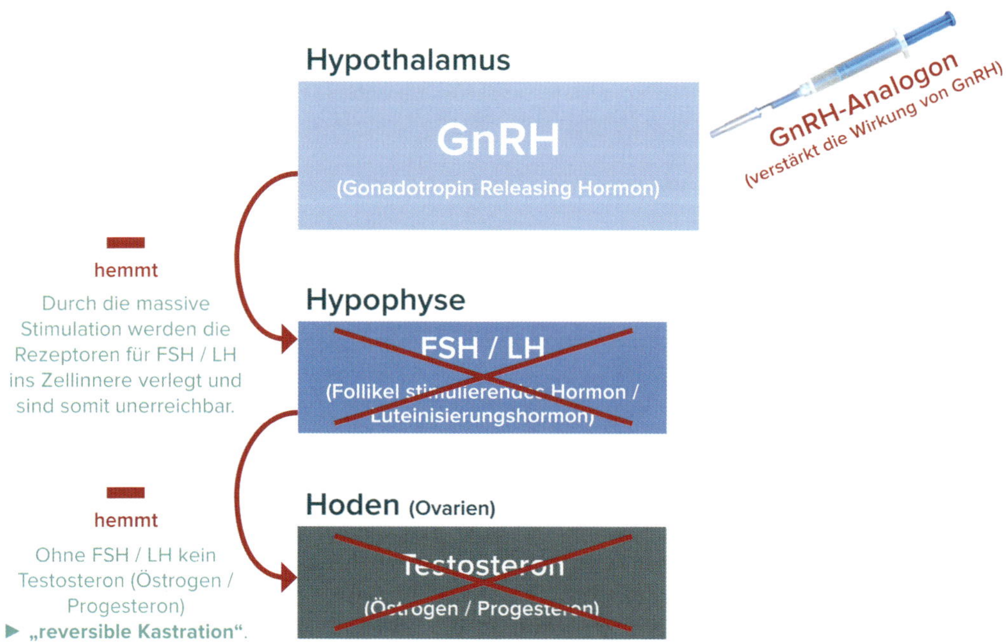

Übrigens sieht man auch, wann das Implantat seine Wirkungen entfaltet, weil ein Hoden mit seinen Aufgaben wächst – oder eben schrumpft. Entsprechend haben chemisch kastrierte Rüden mit einem wirkenden Kastrationsimplantat deutlich kleinere Hoden als ihre intakten Artgenossen. Soll aus medizinischen (Prostatahyperplasie, Perianaltumore etc.) oder auch Verhaltensgründen (Aggression, Streunen, Aufreiten) der initiale Testosteronanstieg verhindert werden, kann vorher zusätzlich ein Antiandrogen gegeben werden, das diesen Effekt unterdrückt. Bei einer wiederholten, lückenlosen Anwendung von Deslorelin entfällt nach der ersten Anwendung der initiale Testosteronanstieg.

Nebenwirkungen?

Die unerwünschten Nebenwirkungen (Gewichtszunahme, Verhalten etc.) von Deslorelin entsprechen denen einer chirurgischen Kastration, allerdings sind sie im Gegensatz dazu zeitlich begrenzt und komplett reversibel. In Langzeituntersuchungen sind alle mit Deslorelin behandelten Rüden nach Ablauf der Wirkung wieder fertil geworden.

Gechippte Rüden haben deutlich kleinere Hoden als intakte.

Welches Implantat?

Das Implantat ist in zwei unterschiedlichen Größen erhältlich: Beim „kleinen Chip“ (4,7 mg) dauert es im Schnitt sechs Wochen, bis die erwünschte Wirkung einsetzt, beim „großen“ (9,4 mg) circa acht Wochen. In klinischen Studien waren allerdings zwei von 30 Rüden erst nach zwölf Wochen unfruchtbar – in diesem Zeitraum muss der Rüde also unbedingt nach wie vor von läufigen Hündinnen ferngehalten werden, um einen ungewollten Deckakt zu verhindern.

Auch die Wirkdauer unterscheidet sich und beträgt beim kleinen Implantat im Schnitt circa sechs, beim großen circa zwölf Monate. Allerdings würde ich mich darauf nicht verlassen, denn es gibt immer mal wieder Rüden, bei denen das Implantat deutlich kürzer oder auch länger wirkt. Auch bei Hunden unter zehn Kilo Körpergewicht kann das Implantat verwendet werden, allerdings muss auch hier mit einer längeren Wirkdauer gerechnet werden – im Gegensatz zu Hunden von mehr als zehn Kilogramm Körpergewicht waren es beim „kleinen

Rüden sollte man keinesfalls kastrieren, ohne vorher einen „chemischen Probelauf“ mit dem Kastrationschip gemacht zu haben!

Implantat“ im median 420 Tage, in denen Deslorelin seine Wirkung zeigte und der Testosteronspiegel unterhalb der Nachweisgrenze lag. Analog zur chirurgischen Kastration sollte natürlich auch der Chip erst nach Beendigung des Längenwachstums beziehungsweise der Pubertät eingesetzt werden.

Wann sinnvoll?

Die chemische Kastration mittels Deslorelin stellt beim Rüden einen sinnvollen „Probelauf“ für eine Kastration dar und ich empfehle, Rüden – außer bei absoluten, medizinischen Indikationen, bei denen es alternativlos ist – stets zu chippen, bevor man zum Skalpell greift. Dadurch kann man unerwünschte Kastrationsfolgen besser abschätzen und so einen besseren Überblick über die Pros und Kontras erhalten.

Sollte sich die Kastration in diesem Einzelfall als sinnvoll herausstellen, würde ich allerdings chirurgisch kastrieren, solange kein besonderes Narkoserisiko (alte Hunde, adipöse Hunde, Epilepsie, Herzerkrankungen etc.) vorliegt. Es spricht aber auch, etwa bei einem erhöhten Narkoserisiko, nichts gegen eine mehrfache Anwendung von Deslorelin. In dem Fall sollte man aber den neuen Chip spätestens dann setzen, wenn die Hoden wieder beginnen zu wachsen, um ein „ständiges Auf und Ab der Hormone“ zu verhindern.

Bei Hunden, bei denen mit unerwünschten Folgen zu rechnen ist beziehungsweise bei denen genauso viel für wie gegen eine Kastration spricht, empfiehlt es sich, das Implantat nicht, wie sonst, zwischen die Schulterblätter unter die Haut zu setzen, sondern in der Nabelregion, weil man dort eine Chance hat, es wiederzufinden und zu entfernen, falls die negativen Folgen die positiven überwiegen.

Und die Hündin?

Bei der Hündin gibt es bis heute leider kein zugelassenes, nebenwirkungsarmes Präparat zur Unterdrückung der Läufigkeit, auch wenn Deslorelin inzwischen eine Zulassung zur Verschiebung des ersten Östrus, also des Pubertätseintritts für die juvenile, das heißt noch nicht geschlechtsreife Hündin hat. Dafür muss das Implantat im Alter von 12 bis 16 Wochen eingesetzt werden. Das früher häufig angewendete „Wegspritzen der Läufigkeit“ durch entsprechende Sexualhormone ist obsolet, da das Nebenwirkungsrisiko zu hoch ist.

EIN PAAR WORTE ZUM SCHLUSS

Ich fürchte, nach der Lektüre dieses Buches bleibt nur die Erkenntnis, dass das Thema Kastration nach wie vor ein sehr komplexes ist und wir sicherlich viele Zusammenhänge noch gar nicht kennen oder verstanden haben. Und das Problem mit komplexen Themen ist leider, dass es dafür keine einfachen Antworten gibt.

Dieses Buch kann einem Hundehalter die Entscheidung nicht abnehmen, das ist auch nicht sein Zweck. Aber es gibt dem Besitzer hoffentlich alle notwendigen Informationen an die Hand, die zu einer guten Entscheidungsfindung – auch im Rahmen bestehender Gesetze – nötig sind.

Das zum Teil sogar widersprüchliche Wissen, das man in den letzten Jahren dank intensiver Forschung zu diesem Thema gewonnen hat, macht die Entscheidung wahrlich nicht einfacher – ganz im Gegenteil! Aber genau darum ist es unsere Pflicht als Halter von Tieren, denen wir alle hoffentlich nur das bestmögliche Leben wünschen, uns vorher gut zu informieren, um die zum Teil gravierenden Folgen auf den gesamten Organismus wenigstens annähernd abschätzen zu können.

Dennoch sind Hunde sowie ihre Menschen viel zu unterschiedlich, um sie alle über einen Kamm scheren zu können. Die Lebenssituationen sind stets individuell zu beurteilen, genau wie die jeweilige Genetik oder bestehende Erkrankungen. Das macht konkrete Empfehlungen so gut wie unmöglich.

So würde man etwa eine alleine auf dem Land und fernab von anderen Hunden lebende Halterin eines Hundes einer einzeln gehaltenen Riesenrasse mit hohem Osteosarkomrisiko sicherlich ganz anders beraten als eine in der Stadt lebende Kleinhundehalterin mit mehreren intakten Hunden, von denen einer ein Thema mit einer echten Hypersexualität hat, die zu wochenlangem Leidensdruck bei Hund und Mensch führt.

Mit der Manuskriptabgabe für dieses Buch ist übrigens auch meine Entscheidung gefallen, meine Rita kastrieren zu lassen – mit sechs Jahren, von denen ich drei Jahre lang intensiv beobachtet und abgewogen habe, weil es, wie so oft, ungefähr genauso vieles gab, was dafür wie dagegengesprochen hat.

Um nur ein paar der Themen zu nennen, die in die Entscheidung mit eingeflossen sind: Dafür sprach, dass Ritas epileptiforme Anfälle bisher ausschließlich im Zyklusgeschehen aufgetreten sind und sich die Frequenz der Anfälle in den letzten Jahren erhöhte, außerdem dass sie von Zyklus zu Zyklus stärkere Probleme mit den hormonellen Auswirkungen des Diöstrus hatte, und dass sich die Konkurrenzsituation zwischen den beiden Mädels im Proöstrus zunehmend verschärfte.
Dagegen sprach die Studienlage, die ja relativ eindeutig zeigt, dass sich Aggression, die nicht von den Sexualhormonen gesteuert wird, verschlimmern kann – und auch eine eigentlich harmlose

Ressourcenaggression kann bei den hier herrschenden Größenverhältnissen fatale Folgen haben. Auch ist Rita ja länger als hoch und ich hoffe, dass ihr Rücken beziehungsweise ihr gesamter Bewegungsapparat uns den Eingriff nicht übel nimmt. Aber Rita bewegt sich gerne und ich werde fortan einfach noch ein bisschen mehr Energie in den Erhalt einer guten Muskulatur bis ins hohe Alter stecken – das kommt schließlich auch meiner Muskulatur zugute. Rita ist zum Glück eine mental durch und durch stabile Hündin, die keinerlei Ängste zeigt, sodass ich wenigstens an dieser Front keine Befürchtungen haben muss. Und ihren Körperumfang (Rita ist als halber Beagle dem Fressen sowieso nicht abgeneigt) habe ja glücklicherweise ich als Herrscherin über den Kühlschrank in der Hand!

Dennoch bleibt abzuwarten, wie sich der Wegfall der Hormone auf ihre auch vorhandene Schilddrüsenunterfunktion auswirken wird, die zur weiteren Komplexität der Entscheidungsfindung beiträgt. Im nächsten Buch zu diesem Thema werde ich dann über die weitere Entwicklung berichten …

Wäre Rita ein Rüde, wäre die Entscheidung natürlich deutlich einfacher gewesen, denn da hätte der Probelauf zumindest einen Einblick in die potenziellen Folgen ermöglicht. Aber bei der Hündin kann man diese Entscheidung leider nur einmal treffen, weswegen man es gründlich tun sollte!

Wünschen würde ich mir für alle Hundehalter an dieser Stelle auch eine noch bessere Aufklärung durch Experten, seien es Hundetrainer oder Tierärzte, sowohl über die Wichtigkeit der Pubertät und der Hormone als auch über die Folgen ihres Wegfalls, das Zyklusgeschehen der

Die beste Entscheidung ist immer eine individuelle!

Hündin und natürlich über die so dringend notwendige Prävention von Krankheiten, die durch die Sexualhormone ausgelöst werden können.

An vielen Stellen hat sich aber zum Glück auch hier bereits viel getan, wohingegen die Beratung in anderen Praxen leider immer noch der vor zwanzig Jahren üblichen gleicht, und wo maximal über eine mögliche kastrationsbedingte Inkontinenz und potenzielle Fellveränderungen aufgeklärt wird. Es werden sämtliche neue Erkenntnisse ignoriert und einfach so weitergemacht, wie man das schon immer gemacht hat, was in Bezug auf das deutsche Tierschutzgesetz zumindest fragwürdig ist.

Ich hoffe außerdem, dass mein „Brennen“ ansteckend ist und dieses Buch Ihre Begeisterung für die Hormone und ihre Wichtigkeit wecken und vielleicht sogar den ein oder anderen Glaubenssatz dazu ins Wanken bringen kann. Wenn diese Begeisterung dann noch gemeinsam mit den Gonaden Ihres Hundes wenigstens dessen Pubertät übersteht, bin ich schon mal voll und ganz zufrieden!

Passen Sie gut auf Ihre Hunde auf!

Sophie & die Strodtbeck-Meute

DANKSAGUNG

An dieser Stelle geht mein Dank an alle, die meine regelmäßigen, ellenlagen Ausführungen über Schreibblockaden die letzten Monate mit stoischer Ruhe ertragen haben – Ihr wart alle ausgesprochen tapfer!

Außerdem danke ich Irene Sommerfeld-Stur für die mentale Unterstützung und fleißiges Korrekturlesen sowie Ralph Rückert für das Schreiben des Vorworts. Mein Dank gilt auch all den Kolleg:innen aus der Reproduktionsmedizin, die mich stets mit offenen Armen und auf Augenhöhe empfangen, und geduldig all meine Fragen beantwortet haben. Ich freue mich auf kommende Veranstaltungen und weiß wieder genau, warum ich die „Reproleute" schon immer besonders gerne mochte!

So sehr sich meine Hunde auch bemüht haben, konnte ich (zum Glück) doch nicht alles für dieses Buch selbst fotografieren. Darum geht mein Dank für die Bilder vom Deckakt und Hängen an die Züchter:innen, und für die medizinischen Bilder an meine Kolleg:innen, die mich nach Kräften unterstützt haben.

Natürlich darf auch Claudia König nicht fehlen, die die Entstehung dieses Buches von Verlagsseite aus ganz wunderbar betreut und mir viele Freiheiten sowohl beim Schreiben, als auch bei der „individuellen Auslegung" des Abgabetermins (siehe Punkt 1, Schreibblockaden) gelassen hat. Unbedingt möchte ich an dieser Stelle auch meine Hunde erwähnen, denen Schreibblockaden zum Glück total egal sind, und ohne die viele Geschichten und Fotos in diesem Buch nie entstanden wären:

Meier aka Johann Wolfgang von Klöten, der als „Eier-Meier" das Vorwuff zum ersten Kastrationsbuch geschrieben hat, aber diesmal leider nicht mehr dazu kam – er hatte Besseres zu tun ... Er fehlt (nicht nur mir) sehr, auch wenn die Läufigkeiten ohne ihn bedeutend ruhiger sind.

Piccolo, der kleine, großartige Kastrat und das Kontrastprogramm zum „Lebensentwurf Meier", der allerdings bis zum Schluss nicht einsehen wollte, dass er kastriert war.

Piranha, die kleine Bordsteinschwalbe, die nicht nur den Rüden, sondern auch mir gnadenlos den Kopf verdreht hat. Auch wenn wir sie zwischendurch am liebsten alle ins Tierheim oder noch besser, weil weiter weg, auf den Mond schießen würden, wenn sie wieder die rote Laterne raushängt.

Die überaus entzückende Rita-Line, die mir bitte verzeihen möge, dass ich nach sechs Jahren doch noch zum Skalpell gegriffen habe.

Und natürlich Rowohlt und Sprotte, die alles geben, um die Lücke, die durch den Tod meiner beiden „Alten" entstanden ist, zu schließen, und mir gleich in doppelter Ausführung das Vergnügen bereiten, mal wieder Hunde durch die Pubertät begleiten zu dürfen.
Und ich bleibe dabei: Ich – „GEHT IHR SOFORT RUNTER VOM TISCH?!" – liebe es!

ZUM WEITERLESEN

Da dieses Buch in erster Linie den Zweck hat, Hundehalter zu informieren und kein wissenschaftliches Werk ist, habe ich mich entschieden, auf ein „ordnungsgemäßes" Literaturverzeichnis, das weitere Seiten füllen würde, zu verzichten. Sowohl die Autoren, als auch das Datum der jeweiligen Publikation sind im Fließtext enthalten, sodass interessierte Leser in der Lage sein sollten, die entsprechende Literatur im Internet zu finden. Darum gibt es an dieser Stelle nur Verweise auf einzelne, relevante Studien:

Behavioural risks in male dogs with minimal lifetime exposure to gonadal hormones may complicate population-control benefits of desexing. McGreevy et al. (2018).

Behavioural risks in female dogs with minimal lifetime exposure to gonadal hormones. Starling et al. (2019).

Long-term health effects of neutering dogs: comparison of labrador retrievers with golden retrievers. Hart et al. (2014).

Evaluation of the risk and age of onset of cancer and behavioral disorders in gonadectomized Vizslas. Zink et al. (2014).

The effect of neutering on the risk of mammary tumors in dogs – a systematic review. Beauvais et al. (2012)

Possible Relationship between Long-Term Adverse Health Effects of Gonad-Removing Surgical Sterilization and Luteinizing Hormone in Dogs. Kutzler et al. (2020)

Restoration of Reproductive Hormone Concentrations in a Male Neutered Dog Improves Health: A Case Study. Brent et al. (2021).

Vasectomy and ovary-sparing spay in dogs: comparison of health and behavior outcomes with gonadectomized and sexually intact dogs. Zink et al. (2023).

Aggression toward Familiar People, Strangers, and Conspecifics in Gonadectomized and Intact Dogs. Farhoody et al. (2018).

Tipp
Wer jetzt Lust bekommen hat, die Inhalte weiterzugeben, findet auf www.hundeschulkonzepte.de einen fertig ausgearbeiteten Vortrag zum „Sexualverhalten des Hundes" inklusive PowerPoint-Präsentation und weiteren Materialien.

STICHWORT-VERZEICHNIS